Christiane Gohl

Was der Stallmeister *noch wusste*

KOSMOS

Was der Stallmeister noch wußte

Weisheit oder alte Zöpfe? — 11

Im Stall und auf der Weide
Trockene Einstreu — 14
Heuraufen — 14
Sauberkeit im Stall — 15
Strohfresser haben keine Nerven! — 16
Raus aus dem Stall! — 16
Außenboxen — 17
Stallgasse — 18
Scheuen im Stall vorbeugen — 18
Koppen und Weben — 18
Festliegen — 20
Ratten und Mäuse im Pferdestall — 20
Feuer im Pferdestall — 21
Blitzableiter — 22
Weideauftrieb — 22
Weideführung — 23
Sicherheit vor Verbiß — 24
Schatten auf der Weide — 24
Unerwünschtes Grün auf der Weide — 24
Maulwurfshaufen — 25
Schweiffresser — 26
Appetitverderber — 26
Mischbeweidung — 27
Misthaufen sachgerecht anlegen — 28
Kompostieren – so geht's schneller! — 29
Wann ist Kompost reif? — 29

Vom Füttern und Tränken
Futterzeiten — 32
Arbeit mit vollem Magen — 32
Wann ist ein Pferd zu dick? — 33
Jedem seine Portion — 33
Rauhfutter — 34
Wann ist Heu trocken? — 34
Salz im Heu — 35
Warme Mahlzeit — 35
Viel Steine gab's — 36
Weizenkleie — 36
Haarwechsel — 37
Gerste — 37
Futterumstellung — 37
Appetitlosigkeit — 37
Schokolade — 38
Birnen — 38
Gesunde Leckerbissen — 39
Knabberzeug — 39
Vorsicht mit Tannenbäumen! — 39
Lebertran — 41

Inhalt

Schönheit und Leistung	41
Leicht verdaulich	41
Ausgerechnet Bananen!	41
So werden Brennesseln schmackhaft	42
Gefahren bei Schnittgrasfütterung	42
Was dem Reiter recht ist ...	44
Wintertränke	44
Tränken vor dem Ritt	45
Wählerische Trinker	45
Teefreunde	46
„Fitneß-Drink"	47

Pferdepflege: Sauber und ordentlich von Kopf bis Huf

Vom Wert des gründlichen Striegelns	50
Pferde fachgerecht entstauben	51
Draußen putzen!	51
Fellwechsel	51
Mutiger Schnitt für schönes Haar	52
Heikles Thema	53
Nicht übertreiben!	53
Glück beim Turnier	54
Mistflecken am Schimmel	55
Wälzen	56
Nicht zu früh absatteln!	57
Abhärtung der Sattellage	57
Anbinder	57
Halsriemen	58
Hufe nicht zu oft fetten!	59
Glänzende Hufe	60
Spröde Hufe	60
Bei schlechtem Hufwachstum	60
Beschlagen	61
Dunkle Mächte in Stall und Schmiede	61
Hufe anheben	63
Der Trick mit dem Schweif	63
Schläger beim Schmied	63
Wenn die Eisen nicht halten	64
Vernagelt	64

Das Zeug zum Reiten und Fahren

Hilfszügel	68
Verschnallung des Hannoverschen Reithalfters	68
Trense „mit Geschmack"	68
Kandare mit Pfiff	70
Paßt das Halfter?	70
„Gute Condition ist die beste Vorgurte"	70
Vorsicht mit Schaumstoff!	71
Sicherheitssteigbügel	71
Abgestoßene Haarspitzen	72
Schutz vor Druck	72
Schweißlösend	72
Trocknen an der Luft	72
Richtig fetten	74
Lederfett selbst gemischt	74

Inhalt

Leder individuell behandeln	74
Speckige Wildlederteile	75
Lederzeug richtig aufbewahren	76
Farbe konservieren	76
Drückende Reitstiefel	76
Glanz für Lederstiefel	76
Flambierte Schuhcreme	77
Metallteile pflegen	77
Saubere Sattelgurte	77
Sitz wie angeklebt	78
Tip für Allwetterreiter	79
Kein Eis ins Maul!	79

Umgang mit jungen und alten Pferden

Keine Lust zur Liebe?	82
Potenzerhaltung	82
Zuchtalter	82
Nur jedes zweite Jahr	84
Imprint 1904	85
Wird es ein Junge?	86
Erstes Hufeausschneiden	87
Konzentration	87
Anreiten	89
Zahnschmerzen	89
Dressur mit jungen Pferden	90
Versammlung	92
Junge oder alte Pferde?	93
Belastbarkeit	94
Wie lange ist ein Pferd ein Fohlen?	94
Tiefe Augengruben	95
Der magische Punkt	95
Gewöhnung an die Kandare	98
Heraus aus der Halle!	98
Eine einzige Übung	99
Rücksicht auf junge Pferde	100
Passiv bei jungen Pferden!	101
Richtig rückwärtsrichten	101
Im Zweifelsfall durchsetzen	102
Stallmut	102
Springausbildung	103
Freigebig belohnen!	104
Lebenserwartung	105

Von Roßtäuschermethoden und Fehlersehern

Ratschläge zum Pferdekauf	108
Selbst probieren!	108
Nicht austricksen lassen!	108
So schäumt's	109
Nicht am falschen Fleck sparen!	110
Pferdekenner	111
Undankbare Aufgabe	112
Schweifheben	114
Charaktertest	114
Wie groß wird unser Fohlen?	114

Inhalt

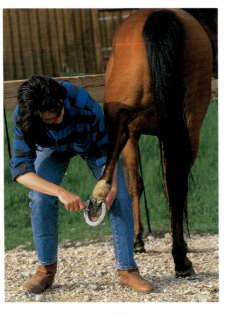

Wenn das Pferd hustet
Hustenreiz _____ 128
Hustentee _____ 128
Zwiebelsirup _____ 129
Lorbeer für Huster _____ 129
Dampf oder Heuallergie? _____ 129
Heutauchen _____ 131
Grassamenheu _____ 131
Heu- oder Strohallergie? _____ 131
Inhalieren _____ 132
Inhalator schnell gebaut _____ 132
Senfumschlag _____ 133
Packung bei Druse _____ 133
Luftsackentzündung _____ 134
Fütterung vom Boden _____ 134
Hustenleckstein _____ 135
Und noch ein „Geheimrezept" _____ 135
Frische Luft für Huster _____ 135

Hilfe, mein Pferd lahmt!
Auf welchem Fuß lahmt das Pferd? _____ 140
Lahmheitsdiagnose _____ 140
Vorboten der Lahmheit _____ 141
Wer rastet, rostet _____ 141
Angelaufene Sehnen _____ 142
Umschläge – warm oder kalt? _____ 142
Kühlung in Eiswasser _____ 142
So'n Quark ... _____ 143
Retterspitz _____ 143
Lehmumschläge _____ 143
Vorbeugung gegen Gallen _____ 145
Kohl für die Sehnen _____ 146
Salzwasser _____ 146
Gelatine _____ 146
Hilfe bei Kreuzverschlag _____ 148
Meerrettich gegen angelaufene Beine _____ 148
Mauke _____ 148
Homöopathie gegen Mauke _____ 149

Hilfe bei Insektenplage
Fliegenfreie Ställe _____ 118
Schafgarbe _____ 118
Essig gegen Fliegeneier _____ 118
Spinnweben _____ 119
Ausritt ohne Fliegen _____ 119
Obstessig und Walnußblätter _____ 120
Kürbis _____ 120
Hilfe von innen _____ 120
Die Stunde der Mücken _____ 120
Keine Chance für Mücken _____ 122
Radikales Mittel _____ 122
Ätherische Öle _____ 122
Insektenstiche an Euter und Schlauch _____ 123
Ballistol _____ 123
Scheuerbalken _____ 123
Milben und Haarlinge _____ 123
Flöhe im Stall _____ 124

Inhalt

Und noch mehr Rezepte ... — 150
Strahlfäule — 150
Hufgeschwüre — 150
Kleieumschlag — 150
Hilfe bei Hufrehe — 151
Ein Trick zum Bandagieren — 151
Kräuter und Wurzeln für gesunde Beine — 152

Verdauungsprobleme
Magenfreundlich ... — 156
Durchfall — 156
„Pizzakraut" für Pferde — 157
Hopfen und Malz — 157
Darmentleerung durch Aufregung — 158
Rezepte gegen Kolik — 158
Verdauungsprobleme sind immer bedrohlich! — 159
Einläufe — 160
Massagen — 161
Feuchtwarme Packungen — 161
Wälzen erlaubt — 161
Fütterung von Kolikern — 161
Koliknachsorge — 162
Buttermilch und Joghurt — 162
Abgang von Darmpech bei Fohlen — 162
Das Übel an der Wurzel packen — 163

Tips, Hausmittel und heilende Kräuter
Ohrgriff — 166
Nervenstärkung — 166
Zug am Schopf — 167
Angst wegatmen — 167
Kauen beruhigt — 167
Johanniskraut ... — 168 
Alleskönner Eukalyptus — 168
Beinwell — 169
Wundsalbe selbstgemacht — 169
Erste Hilfe mit Melkfett — 169
Salbe gegen Juckreiz — 169
„Augentrost" — 169
Satteldruck — 170
Wenn der „Wolf" zubeißt ... — 171
Sonnenbrand — 171
Wenn das Pferd etwas nicht riechen kann — 173
Heilkräuter — 173
Schwedenkräuter — 173
Stärkung der Widerstandskräfte — 173
Fieberthermometer sicher eingesetzt — 174
Zeichen für Blindheit — 175

Zum Nachschlagen — 177

Weisheit oder alte Zöpfe?

Naturmedizin, biologische Weidepflege und die Kunst der Klassischen Reiterei – alte, fast vergessene Weisheiten rund ums Pferd erleben zur Zeit eine Renaissance. Gerade Freizeitreiter – oft wegen ihrer mangelnden Professionalität und ihres „Reitminimalismus" gescholten – interessieren sich für altbewährte Methoden zum Umgang mit Pferden und überlieferte „Geheimtips" zur Heilung und Vorbeugung von Krankheiten.

Trotzdem ging ich zunächst mit etwas gemischten Gefühlen an die Zusammenstellung alter Rezepte, Tips und Tricks heran, denn die Fixierung auf traditionelle Werte hat sicher auch ihre Schattenseiten. Besonders in konventionellen Reitställen hört man immer wieder, wie Fehler und Mißstände mit Argumenten wie „Das ist nun einmal so!", „Tradition" und „Das haben wir schon immer so gemacht!" erklärt und entschuldigt werden. Oft leben die unterbeschäftigten Reitpferde von heute in den gleichen Ställen wie die schwerarbeitenden Ackerpferde von vorgestern, und die Fütterung des Kinderponys orientiert sich an der von Opas Kutschpferdegespann. Gerade im Reitsport wird oft versäumt, überlieferte Kenntnisse veränderten Bedingungen anzupassen. Ich hatte deshalb die Befürchtung, den blinden Glauben daran, daß früher alles besser war, noch zu verstärken.

Dann aber las ich die Worte der alten Reitmeister und Pferdekenner und fand dabei alles andere als „alte Zöpfe". Macht man sich nämlich die Mühe des Quellenstudiums, so findet man keine Hinweise auf dunkle Ställe und Hilfszügel, sondern immer erneute Forderungen nach freundlichem, geduldigem und kenntnisreichem Umgang mit weitgehend artgerecht gehaltenen Pferden. Wie heute, gab es eben auch damals gute und schlechte Reiter und Pferdepfleger. Es wird Zeit, daß die Binsenweisheiten der schlechten verschwinden, während die Kenntnisse der guten erhalten und weitergetragen werden. Darin sehe ich eine der wichtigsten Aufgaben dieses Buches, einer Zusammenstellung der besten Pflege- und Haltungstips aus den ersten beiden Bänden von „Was der Stallmeister noch wußte".

Ich möchte an dieser Stelle noch einmal allen danken, die mir bei der Sammlung dieser Tips und Rezepte behilflich gewesen sind, und wünsche allen alten und neuen Lesern viel Vergnügen und Erfolg mit den Tricks der alten Stallmeister und Pferdepfleger.

Stall und Weide

Wer gute Pferde hält
und will ihr recht genießen,
wird ihre Wartung wohl
fürs erst bestellen müssen.
Durch strenge Ordnung, Maß in
Arbeit, Trank und Speis',
Durch stete Reinigung von Unrath,
Staub und Schweiß.
Weil viel mehr gute Pferd'
von schlechter Wartung sterben,
als durch viel Unglücksfäll' und den
Gebrauch verderben.

Aus: Johann Cr. Pinters Pferdeschatz, 1688

Trockene Einstreu

Stroheinstreu und besonders Sägemehleinstreu in Boxen und Offenställen bleibt länger trocken, wenn man darunter eine dünne Schicht Sand anbringt. Der Sand bewirkt eine Drainage und verhindert ein schnelles Vollsaugen der Einstreu mit Urin. Er muß bei etwa jeder dritten großen Ausmistaktion gewechselt werden.

Saubere, gut eingestreute Ställe sind ein Muß!

Heuraufen

Inzwischen sollte es jedem Reiter und Pferdehalter bekannt sein, daß man Heuraufen niemals erhöht anbringt. Ein Fressen aus der hochgehängten Raufe mit durchgedrücktem Rücken und gestrecktem Hals erschwert den Speichelfluß und begünstigt den Senkrücken. Dazu trägt es zu Husten und Augenentzündungen durch den unwei-

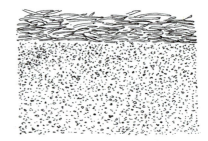

Einfache Drainage: Sand unter der Einstreu

gerlich frei werdenden Heustaub bei. 1878 war diese Erkenntnis noch relativ neu, wurde aber in einem Ratgeber für Pferdehalter und -pfleger sehr plastisch an den Leser gebracht: *„Die hohe Raufe ist ein entschiedener Widersinn, denn das Pferd ist ein Tier der Ebene, das vom Boden weidet, nicht von den Bäumen wie die Giraffe."*[1]

lichen und reichlichen Streu zu ersetzen."[2]

In vielen Reitställen – alten wie neuen – beschränkt sich die Reinlichkeit weitgehend auf die Stallgasse. Während diese bei jeder Gelegenheit gefegt und ausgespritzt wird, handhabt man das Misten der Pferdeboxen eher lasch. Bevor Sie also einen Standplatz für Ihr

Zu hoch angebrachte Heuraufen begünstigen Senkrückenbildung.

Sauberkeit im Stall

„Die Wichtigkeit einer guten Streu wird vielfach verkannt; es steht jedoch fest, dass, mag man ein Pferd noch so gut pflegen, es ohne ein gutes Lager nie in den Vollbesitz seiner Kräfte gelangen wird. Kein Futter ist im Stande, dem ermüdeten Pferd die Wohltat einer rein-

Pferd anmieten: Schauen Sie nicht nur ins Reiterstübchen und auf die buntgestrichenen Hindernisse, sondern werfen Sie einen Blick in möglichst viele Boxen und wählen Sie keinen Stall, in dem das Stroh für die Einstreu rationiert ist. Wer nämlich schon am Stroh spart, der spart meist auch am Futter für die Pferde!

---

[1] Hippologische Mittheilungen und Notizen über die Natur, Eigenschaften, Pflege und Verwendung des Pferdes, Friedrich Beck, Wien 1878

[2] Hippologische Mittheilungen und Notizen über die Natur, Eigenschaften, Pflege und Verwendung des Pferdes, Friedrich Beck, Wien 1878

Stall und Weide

Sauberkeit im Stall beschränkt sich nicht auf das Fegen der Stallgasse.

Strohfresser haben keine Nerven!

Das war ein geflügeltes Wort bei der Kavallerie. Nervöse und schwierige Pferde erhielten eine große Futterstrohration, dafür wurden die Hafergaben gekürzt. Ob die Wirkung nun wirklich darauf beruhte, daß Stroh „dem Organismus reichlich Nährsalze liefert"[3], oder ob einfach die stundenlange Beschäftigung mit dem Rauhfutter die nervösen Pferde beruhigte, ist fraglich, in der Praxis aber unwichtig.

Raus aus dem Stall!

Oberst Spohr empfahl in seinem Buch, „Die Logik in der Reitkunst", zum Scheuen und zur Nervosität neigende Pferde als erstes aus „stillen, ammoniakerfüllten, womöglich noch dunkel gehaltenen Ställen"[4] herauszuholen und ihnen viel Bewegung zu verschaffen (mindestens zwei bis drei Reitstunden am Tag).

Weide und Offenstallhaltung waren beim alten Kavalleriepferd nicht machbar. Beim modernen Freizeitpferd erfüllen sie alle Bedingungen zur Erzeugung eines scheufreien, ausgeglichenen Pferdes.

Pferde brauchen außerdem helle, gut durchlüftete, aber dennoch nicht zugige Ställe, um sich wohlzufühlen. Das war auch dem alten Stallmeister bekannt. Eine einfache Faustregel zur richtigen Beleuchtung nennt Graf von Keller: *„Der Stall muß so viel Fenster-*

---

3 Spohr: Die Logik in der Reitkunst, 1886 (Reprint 1979), Teil 3, S. 18

4 Spohr: Die Logik in der Reitkunst, 1886 (Reprint 1979), Teil 3, S. 18

Raus aus dem Stall!

Hecken und Bäume spenden Schatten und werden gerne beknabbert.

Rechts: Nichts für Weber – die Außenbox

licht haben, daß man bequem darin lesen kann."[5]

Außenboxen

Gewöhnlich sind Außenboxen sehr empfehlenswert, denn der Ausblick auf den Hof bietet den Pferden frische Luft und Unterhaltung.

---
5 Keller, von, Alexander: Erfahrungen eines alten Reiters. Leipzig 1877, S. 13

Stall und Weide

Neigt ein Pferd jedoch zum Weben, so ist es in einem Offenstall oder einer Innenbox mit mehrstündigem Auslauf besser aufgehoben.
Die Außenbox bietet ihm nämlich nur den Blick auf interessante Vorgänge, erlaubt ihm aber nicht, wirklich daran teilzuhaben. Das Pferd setzt seine Erregung darüber in Bewegung um und webt.

Stallgasse

„Vor dem Ausfegen der Stallgasse aber empfiehlt sich deren Besprengung mit Wasser, damit alles Aufwirbeln von Staub in die Luft vermieden wird." [6]
Diese Anweisung des alten Stallmeisters gilt heute noch, denn Pferde reagieren äußerst empfindlich auf Staubpartikel. Viele Fälle von chronischem Husten und sogar Dämpfigkeit haben darin ihre Ursache.
Im Sommer gilt die Regel übrigens auch für das Abfegen von gepflasterten Stallvorplätzen in Offenställen mit Sandauslauf.

Scheuen im Stall vorbeugen

„Nach meinen Erfahrungen empfiehlt es sich als praktisch, im Stalle Kaninchen, Ziegen, Hunde etc. frei herum laufen zu lassen. Ich beobachtete zum Beispiel bei einem bodenscheuen Pferde, wie dieses, welches anfangs sehr erschrak, wenn ein Kaninchen bei ihm vorüberhuschte, nicht nur das Erschrecken sich dabei abgewöhnte, sondern auch im Freien sich nie mehr über Gegenstände aufregte, welche auf dem Erdboden lagen oder an ihm vorbeisprangen." [7]
Dies ist ein interessanter Gedanke, auch wenn Sie vielleicht keine Nager in Ihrem Stall aussetzen möchten. Hüten Sie sich auf jeden Fall vor zu steriler Atmosphäre in Pferdeställen! Wenn nur geflüstert wird und nie ein Besen umfällt, wenn die Pferde nie um einen vergessenen Strohballen herumgehen müssen und nie ein vergnügter Hund durch die Stallgasse tobt, werden die Bewohner dieses Stalles in Reitbahn und Gelände vor jeder Kleinigkeit scheuen!

Koppen und Weben

Psychologisch gesehen sind Koppen und Weben sogenannte „Übersprungshandlungen". Das Pferd ist ungeduldig, aufgeregt oder einfach lauffreudig, möchte die Erregung gern in Bewegung umsetzen – und kann es nicht, weil es in der Box stehen muß oder gar angebunden ist. So entlädt sich die Spannung in der schaukelnden Bewegung des Webens. Andere Pferde beginnen aus Frust und Langeweile zu koppen – statt wie das Wildpferd im-

---

6 Spohr: Gesundheitspflege der Pferde, 1886, S. 18

7 Keller, von, Alexander: Erfahrungen eines alten Reiters. Leipzig 1877, S. 14

Koppen und Weben

Psychisch gesunde Pferde verkriechen sich nicht, sondern sind an allem interessiert.

mer wieder kleine Grashappen zu sich zu nehmen, schlucken sie Luft.
Am besten kuriert man Weber und Kopper durch Umstellung auf eine Weide oder in einen Offenstall mit viel Möglichkeit zur Bewegung und zum Kontakt mit Artgenossen. Dazu sollten sie regelmäßig gearbeitet werden, damit auf keinen Fall Langeweile aufkommt.
Weber korrigiert man mit dieser Behandlung meist leicht, aber Kopper finden anscheinend große Befriedigung in ihrer Verhaltensstörung. Sie koppen mitunter trotz idealer Haltungsbedingungen weiter. Zum Glück ist inzwischen erwiesen, daß Koppen wirklich nur eine schlechte Angewohnheit ist, und nicht, wie früher angenommen, zu häufigen Koliken führt. Auf das Anlegen von Kopperriemen oder gar eine Operation zur Beilegung des Koppens können Sie also getrost verzichten.
Auch wenn Kopper und Weber ihre Stalluntugenden weitgehend abgelegt haben, kommt es vor, daß sich diese zur Fütterungszeit noch gelegentlich zeigen. Manchmal koppt oder webt das Pferd auch, wenn sein Reiter noch einige Zeit mit Plaudern und Aufräumen im Stall verbringt, ohne sich ihm direkt zu widmen.
Um das dann nicht noch zu fördern, ist

Stall und Weide

es sinnvoll, die „Problempferde" stets zuerst zu füttern oder ihnen zumindest etwas Heu zum Zeitvertreib vorzuwerfen. Damit erweist man sich zwar als „erpreßbar", verhindert aber Schlimmeres. Weben und Koppen ist nämlich „ansteckend". Ein ebenso gelangweiltes Pferd, das einem Kopper gegenübersteht, ahmt dessen Untugend gern nach.

> **Noch ein Tip zum Weben**
> Ob der folgende Trick gegen Weben wirklich hilft, sei dahingestellt, aber im Gegensatz zu anderen Mitteln ist er harmlos und kann insofern relativ gefahrlos ausprobiert werden.
> *„Man schnalle dem Pferde um jede Fessel – diese also nicht miteinander verbunden, einen Riemen, worauf eine oder zwei Schellen befestigt sind. Das nun beim Leineweben entstehende Geklingel wird dem Pferd so zuwider, daß es dasselbe bald einstellt."*[1]
> Falls Sie das versuchen möchten, probieren Sie vorher aus, ob das Pferd vor dem Klingeln der Glocken scheut! Sonst könnte es nämlich in Panik geraten, wenn plötzlich jeder Schritt ein Geräusch erzeugt, und dann dürfte es völlig unmöglich sein, ihm die Glöckchen wieder abzunehmen!
>
> 1 Keller, von, Alexander: Erfahrungen eines alten Reiters. Leipzig 1877, S. 79

Festliegen

Liegt ein Pferd in einer Boxecke oder auf glitschigem Boden fest, so wird es in Panik geraten und immer wieder versuchen, aufzuspringen. Dabei besteht die Gefahr, daß es sich ernsthaft verletzt, bevor Hilfe kommt. Der alte Stallmeister stellte in einem solchen Fall einen Helfer dazu ab, den Hals des Pferdes mit seinem gesamten Körpergewicht zu beschweren. Im Gegensatz zu anderen Tierarten, wie etwa dem Rind, kann sich das Pferd nämlich nicht erheben und nicht mehr zappeln, wenn sein Kopf am Boden gehalten wird. Das obenliegende Auge wird mit der Hand zugehalten, was eine beruhigende Wirkung erzielt. So verbleibt das Pferd, bis mehrere Helfer zur Stelle sind, die sich dann an Schweif, Mähne, Rücken und Kopf des Tieres postieren und seinen erneuten Versuch aufzustehen unterstützen.

Ratten und Mäuse im Pferdestall

Ratten im Stall bekämpfte der alte Stallmeister, indem er Chlorkalk mit Essig vermischte und in flachen Schüsseln aufstellte. Die Tierchen gingen dann freiwillig.
Frische Minze, Stengel sowie auch Blätter unter das Getreide gemischt, hält alten Bauernratgebern zufolge Mäuse fern. Ein paar Tropfen Pfefferminzöl sollen die gleiche Wirkung haben.

Ratten und Mäuse

Eine noch bessere Wirkung zeigt allerdings eine Katze im Stall. Eine gut gepflegte Stallkatze legt sich aus purem Vergnügen mit Ratten an und hält sie sicher fern. Bedingung dafür ist allerdings, daß Mieze rund, gesund und „kampflustig" ist. Stallkatzen können sich entgegen der landläufigen Meinung nur selten allein von Mäusen ernähren. Zum Sattwerden braucht eine erwachsene Katze mindestens elf Nager pro Tag, und ein so guter Fang gelingt im Winter und an Regentagen selten. Ihre Stallkatze sollte also zugefüttert werden, und wahre Katzenfreunde sorgen auch für „Geburtenkontrolle" durch Kastration von Kater und Kätzin!

In einen gut geführten Pferdestall gehört traditionell eine Katze.

Feuer im Pferdestall

Wenn ein Pferdestall brennt, weigern sich viele Pferde, ihre Boxen zu verlassen. Sie kennen

„Naturburschen" fühlen sich draußen sicherer als im Stall.

den Stall schließlich als einen Ort, an dem ihnen nichts passieren kann. Besser als der Versuch, sie mit Gewalt hinauszutreiben ist, sie aufzutrensen und hinauszuführen. Das Verhaltensschema „Trense – Arbeit – Stall verlassen" bricht die Magie der Box.

Im übrigen ist die Suche nach Sicherheit in der Box kein Zeichen von Dummheit, sondern eine anerzogene Verhaltensstörung. Der natürliche Instinkt gebietet Pferden zu fliehen, nicht sich zu verkriechen. Artgerecht gehaltene Pferde verlassen denn auch sofort fluchtartig ihren Offenstall, sobald sie eine Gefahrensituation bemerken oder auch nur vermuten. Binden Sie Offenstallpferde folglich nie im Stall an, wenn sich auf dem Gelände irgend etwas tut, was sie ängstigen könnte.

Von der Richtigkeit dieser Thesen können Sie sich übrigens besonders gut in der Silvesternacht überzeugen. Kein einziges Offenstallpferd wird die Stunde des Feuerwerks im Stall verbringen.

Blitzableiter

Bergbauern im Alpengebiet pflegten die Dächer ihrer Ställe und Wohnhäuser jahrhundertelang mit Dach-Hauswurz (Sempervivum tectorum) zu bepflanzen. Sie waren überzeugt davon, daß dadurch das Einschlagen von Blitzen vermieden würde. Tatsächlich schlägt nie ein Blitz in die artischokkenähnliche Pflanze. Forschungen zufolge wird durch die feinen, fast nadelförmigen Blätterspitzen ein Spannungsausgleich zwischen Luft und Erde hergestellt.

Falls Sie also in den Alpen oder klimatisch vergleichbaren Gegenden wohnen, sollten Sie den ansehnlichen und anspruchslosen Pflanzen ruhig einen Platz auf Ihrem Stalldach gönnen. Sie gedeihen auf Mauern und Dächern aller Art, sogar auf Ziegeln, und revanchieren sich durch ihre Einsatzmöglichkeiten als Heilpflanze. Besonders als Frischblätterauflage bei Verrenkungen und Quetschungen wirkt Hauswurz kühlend und heilend bei Roß und Reiter. Hauswurzöl bewährt sich auch bei Insektenstichen. Wundsalben auf Hauswurzbasis sind in der Apotheke als Fertigprodukte erhältlich.

Weideauftrieb

Wenn im Frühling das Gras sprießt, äugen die Pferde sehnsüchtig auf das junge Grün, und man neigt dazu, sie so bald wie möglich herauszulassen. Bereit zum Auftrieb ist die Weide aber erst dann, wenn das Gras auch an den kürzesten Stellen 15 cm hoch gewachsen ist. Läßt man die Pferde eher heraus, fressen sie das frische Gras extrem schnell ab, was erstens Koliken hervorrufen kann und zweitens die Weide ruiniert.

Im übrigen müssen die Pferde selbstverständlich langsam an den Weidegang gewöhnt werden. In den ersten Tagen genügen wenige Minuten Weide zusätzlich zur Heufütterung, dann wird die Weidezeit langsam gesteigert. Der

Weideführung

Grund dafür, daß Pferde bei Futterumstellungen sehr schnell Probleme mit der Verdauung bekommen, liegt übrigens in der Empfindsamkeit ihrer kleinen Verdauungshelfer, der Darmbakterien. Diese Tierchen sind hochspezialisiert und sterben in Massen ab, wenn plötzlich Gras statt Heu auf sie zukommt. Dann fehlt es erstens an nützlichen Bakterien, und zweitens belasten die toten Kleinstlebewesen die Verdauung zusätzlich. Futterumstellungen sind deshalb immer mit Vorsicht anzugehen. Sobald es zu Durchfällen kommt, muß das Tempo gedrosselt werden.

Üppiges Grün auf der Weide läßt Pferdeherzen höher schlagen.

Weideführung

Idealerweise sollte man Pferdeherden so zusammenstellen, daß die Mitglieder sich in Zweiergruppen zusammentun können. Ansonsten ist die Ausgrenzung eines Herdenmitglieds vorprogrammiert. Wenn die Herde allerdings aus Stuten besteht, unter denen nur ein Hengst oder Wallach lebt, ist die Paaraufteilung nicht so zwingend. In der Regel wird der „Pascha" sich seinen Damen gleichmäßig zuwenden. Tut er das nicht, steht meistens er außen vor.

Übrigens kann man „kontaktarmen" Pferden am leichtesten zur Integration verhelfen, indem man sie häufig gemeinsam mit einem ranghohen, am besten gegengeschlechtlichen Weidekameraden arbeitet. Die Tätigkeit im

─────── **Stall und Weide** ───────

Gespann oder Handpferdegespann, die Teilnahme an Wanderritten mit Übernachtung in fremden Gegenden und gemeinsame Turnierfahrten schweißen ungemein zusammen.

Sicherheit vor Verbiß

Um Bäume davor zu schützen, von Pferden angenagt zu werden, pinselt man ihre Stämme in regelmäßigen Abständen mit Huffett oder Holzteer ein. Das schadet den Bäumen nicht, verdirbt aber den „Nagern" gründlich den Appetit.
Wenn es trotz aller Sicherungen zu Bißspuren an einem Baum kommt, können Sie Erste Hilfe leisten, indem Sie etwas Erde mit Wasser aus der Tränke vermischen und die verletzte Stelle dick mit diesem Lehmbrei bestreichen. Das hilft mindestens so gut wie der sonst empfohlene Holzteer und ist vor allem eine Aktion, die sofort durchgeführt werden kann. Der Baum wird geschützt, bevor er zu viel Feuchtigkeit verliert.

Schatten auf der Weide

Als Schattenspender auf der Pferdekoppel empfiehlt sich der Walnußbaum. Er wächst schnell und wird von Pferden ungern benagt. Dem Reiter liefert er zudem die Weihnachtsnüsse.
Sucht man eine verbißfreie Hecke, so bietet sich der schnellwüchsige Holunder an. Holunderhecken spenden einigen Schatten und wirken abschreckend auf Mücken.

Huffett schützt vor Verbiß.

Unerwünschtes Grün auf der Weide

- Gegen **Moos** auf der Weide hilft gründliches Besprengen der befallenen Stellen mit einer Eisenvitriol-Lösung. Man löst dazu ein Kilo Eisenvitriol in 20 Litern Wasser.
- **Disteln:** Besonders auf ausschließlich von Pferden begangenen Weiden machen sich leicht unerwünschte Pflanzen wie Disteln breit. Vor dem Umpflügen und Neueinsäen stark verunkrauteter Weiden kann nur gewarnt werden. Wenn

dabei nämlich die Wurzeln zerstückelt werden, keimt aus jedem Wurzelteil ein neues Pflänzchen. Besser ist es, die Pflanzen unmittelbar vor dem Blühen auszureißen. Dann erstickt die Wurzel möglicherweise im eigenen Saft. Ein anderer Trick ist, die Pflanze abzuschneiden und Salz auf die Schnittfläche zu streuen. Auch dann geht sie meistens ein. Nicht zu empfehlen ist dagegen ein Spritzen der Weide mit Unkrautvernichter. Der erwischt nämlich alle zweikeimblättrigen Pflanzen und damit auch gesunde Kräuter. Im übrigen gehören Disteln keineswegs zu den Pflanzen, deren Verzehr Pferden schadet, im Gegenteil! Besonders säugenden Stuten bekommen sie sehr gut, denn sie fördern die Milchproduktion. Auf der Weide werden sie allerdings kaum aufgenommen. Reißt man jedoch junge Disteln aus und bietet sie dem Pferd in leicht angetrocknetem Zustand an, so greift mancher Vierbeiner gerne zu.

Brennesseln kurz halten!

- **Brennesseln** auf der Weide hält man durch regelmäßiges Mähen in Grenzen. Die Pflanze verträgt es nicht, kurz gehalten zu werden. Mähen Sie stets vor der Blüte und mindestens sechsmal im Jahr.
- Der giftige **Hahnenfuß** wächst vorwiegend auf nassen und stark versauerten Wiesen. Neben der Drainage der Weiden hilft gegen ihn vor allem Kalk. Auf regelmäßig stark gekalkten Wiesen wird der Befall auf die Dauer geringer. Läßt man sie frei auf der Weide fressen, meiden Pferde übrigens Hahnenfuß, da er Bitterstoffe enthält. Die verflüchtigen sich allerdings schnell, sobald das Gras geschnitten wird und antrocknet. Verfüttern Sie also möglichst kein Schnittgras von Wiesen mit hohem Hahnenfußanteil. Im Heu ist die Pflanze ungefährlich, wenn zwischen Heuernte und Verfütterung mindestens drei Monate vergangen sind. In dieser Zeit verflüchtigen sich auch die Giftstoffe.

Maulwurfshaufen

Die Aktivität von Maulwürfen auf der Weide ist ein Beweis für intaktes Bodenleben und trägt zu dessen Erhalt bei, indem sie für systematische Belüf-

Stall und Weide

Maulwürfe – Helfer bei der Weidepflege

Vor dem Heuen müssen Maulwurfshaufen verteilt werden.

tung sorgt. Auf keinen Fall sollte man also Maßnahmen zur Maulwurfsbekämpfung ergreifen. Ganz sicher wird sich kein Pferd beim Tritt in die Gänge der Winzlinge die Beine brechen. Wenn Sie von der Weide allerdings Heu gewinnen wollen, sollten Sie die Haufen vor dem Schneiden auseinanderharken. Ansonsten gerät Erde in die Heuballen und macht sie staubig.

Hobbygärtner können die Erde aus Maulwurfshaufen übrigens gut als Anzuchterde für junge Pflänzchen nutzen. Sie ist weitgehend frei von Krankheitserregern und Unkrautsamen, da der Maulwurf sie aus großer Tiefe holt.

Schweiffresser

Wenn Fohlen oder andere Weidetiere die Schweife der anderen Pferde anknabbern, hilft es, die Schweifspitzen täglich in eine Mischung aus Essigwasser mit Geschirrspülmittel zu tauchen. Wenn das nichts nützt, kann man auf eine radikalere Methode zurückgreifen, nämlich das Einreiben der Schweife mit Schweinsgalle (vom Schlachthof). Das wirkt zuverlässig, stinkt aber bestialisch!

Appetitverderber

Niemals darf Pferdemist als „Dünger" auf Pferdeweiden verstreut oder verteilt werden. Damit ermöglicht man nur Pferdeparasiten eine raschere Vermehrung. Außerdem verdirbt man den

Mischbeweidung

Seifenwasser oder Schweinsgalle verdirbt Schweiffressern den Appetit.

Pferden den Appetit, denn sie ekeln sich vor dem eigenen Kot. Ihre Weide teilen sie deshalb in Freß-Schlafbereiche und Mistbereiche ein. Auf diesen sogenannten „Geilstellen" grasen sie nicht.

„Geilstellen" hält man übrigens in Grenzen, indem man den Pferdemist regelmäßig von der Weide sammelt. Er wird kompostiert und kann im nächsten Jahr als fertiger Kompost aufgebracht werden.

Mischbeweidung durch Rinder und Pferde wirkt sich auf den Zustand von Grasland sehr positiv aus. Die beiden Tierarten ergänzen sich nämlich bei der Weidepflege: Das Pferd bevorzugt das Gras auf den Geilstellen der Rinder und umgekehrt. Eine gemeinsam begangene Weide wird folglich immer gleichmäßig abgefressen und gepflegt.

Schafe und Ziegen sind dagegen nur begrenzt als Weidepfleger geeignet. Schafe und Pferde haben zum Beispiel die gleichen Vorlieben und Abneigungen in bezug auf Gras und Kräuter. Das Schaf hält die Geilstellen der Pferde nur dann kurz, wenn man es darauf einpfercht. Aber Vorsicht, nicht jedes Schaf läßt sich zur Aufnahme der unappetitlichen Nahrung bewegen. Die meisten treten nicht nur in den Hungerstreik, sondern geben das der Nachbarschaft auch lauthals und jämmerlich blökend kund!

Auch Ziegenhaltung kann das Zusammenleben mit Anwohnern empfindlich stören. Ziegen fressen zwar fast alles und machen dabei auch vor Reithandschuhen, Longierpeitschen und Sattelzeug nicht halt. Sie sind jedoch naschhaft und respektieren Zäune nur ungenügend. Insofern halten sie oft lieber die Blumenbeete der Nachbarn kurz als die Geilstellen auf Ihrer Weide.

Ziegen und Schafe verbeißen die Weide zudem noch stärker als Pferde und können die Grasnabe zerstören, wenn nicht rechtzeitig umgetrieben wird.

Stall und Weide

Pferde vertragen sich mit Widerkäuern, aber ihr Einsatz als Weidepfleger ist umstritten.

Misthaufen sachgerecht anlegen

Bei der Anlage eines Komposthaufens wird der Mist nie festgetreten. Das würde die Durchlüftung verhindern. Hat man reinen Pferdemist ohne Strohbeimengung, kann es notwendig werden, dem Mist Stroh zuzufügen, damit er aufgelockert und besser durchlüftet wird.
Der Komposthaufen wird im Schatten oder Halbschatten angesetzt, sonst trocknet er im Sommer zu stark aus. Ideal ist seine Anlage auf Naturboden, aber heute wird dem Pferdebesitzer aus Wasserschutzgründen gesetzlich vorgeschrieben, ihn auf einer speziellen Plastikplane oder einer Betonplatte anzulegen.

Gepflegte Misthaufen ergeben einen guten Kompost.

Kompostieren – so geht's schneller!

Kompost gelingt schneller, wenn man dem Mist Lehm oder Erde im Verhältnis 1:20 zufügt. Besonders förderlich ist es, ihm auch etwas fertigen Kompost beizumengen.

Komposthaufen müssen nicht umgesetzt werden, wenn man sie mit einer Schutzschicht aus altem Stroh oder Heu abdeckt. Sie muß Luftzufuhr ermöglichen, aber Wärme und Feuchtigkeit halten.

Wenn man alles richtig macht, dauert die Kompostierung von Pferdemist etwa acht Monate.

Wann ist Kompost reif?

Zur Feststellung des Reifegrades gibt man etwas Kompost auf eine Untertasse mit ein wenig Wasser. Da hinein sät man Kressesamen. Entwickelt sich die Kresse schnell und gesund, ist der Kompost in Ordnung.

Unbestechlich: Der Kresse-Test

Mit diesem Test läßt sich auch feststellen, ob der Kompost unter Umständen schadstoffbelastet ist. Kresse reagiert darauf sehr sensibel.

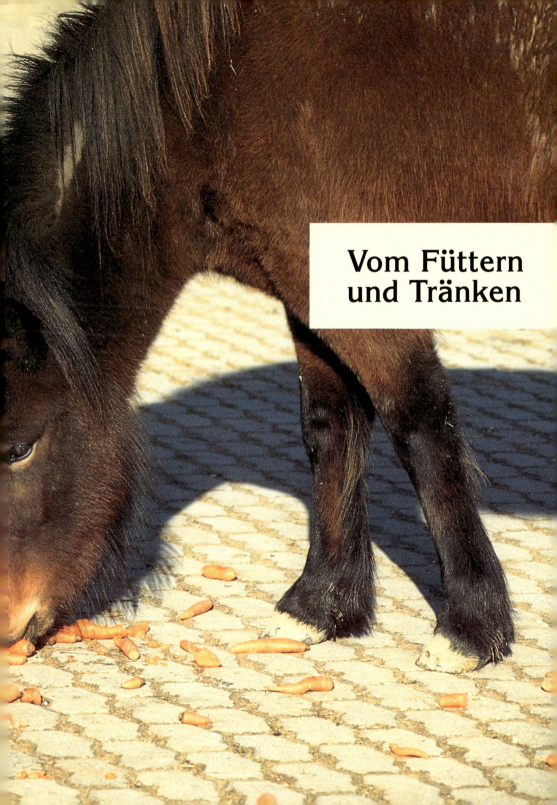

Vom Füttern und Tränken

Füttern und Tränken

Futterzeiten

Pferde sollten mehrmals täglich kleine Mahlzeiten erhalten, damit der Magen ständig zu tun hat. Sie haben nämlich einen relativ kleinen Magen, den große Futtermengen schnell überlasten. Das freilebende Pferd frißt ständig kleine Portionen und wandert dabei herum. Das hält die Verdauung „in Trab".

Mit täglich mehrmaliger Fütterung und mehrstündigem Auslauf für die Pferde kommt man diesen natürlichen Vorgängen am nächsten und hält die Tiere gesund und ausgeglichen. Der alte Stallmeister achtete auch sehr genau auf die Einhaltung bestimmter Futterzeiten, was aber mehr mit militärischer Ordnung als physiologischer Notwendigkeit zusammenhing. Besonders, wenn Sie Ihr Pferd im Sport oder auch auf Wanderritten einsetzen, ist eine allzu starre Fixierung auf feste Futterzeiten nicht ratsam. Bei Veranstaltungen kommt der Rhythmus unweigerlich durcheinander, und das Pferd reagiert unwillig. Besser ist hier die Gewöhnung an ungefähre Futterzeiten.

Arbeit mit vollem Magen

Kein gerade vollgefressenes Pferd ist fit und leistungsbereit. Nach vollen Mahlzeiten braucht es ein bis zwei Stunden zur Verdauung. Ganz nüchtern sollten die Tiere aber auch nicht an die Arbeit

Der Pferdemagen braucht ständig Arbeit. Große Futtermengen auf einmal verträgt er nicht so gut.

Fütterung

Gerechte Futterverteilung nach dem „Hafersack-Prinzip"

gehen. Wenn man also morgens reiten will und die Pferde nicht Stunden vorher füttern kann, ist es sinnvoll, dem Reitpferd vor dem Putzen eine halbe Portion Kraftfutter zukommen zu lassen. Auch Äpfel und Möhren werden gut vertragen. Nach dem Reiten gibt es dann ein größeres „zweites Frühstück".

Wann ist ein Pferd zu dick?

Faustregel bei der Beurteilung des Gewichts eines Pferdes ist der Rippentest. Die Rippen sollen zu fühlen, aber nicht zu sehen sein. Bei Ponys im Winterfell ist das natürlich oft ein Problem, und so mancher Besitzer tröstet sich mit dem Argument „alles Fell" über das Übergewicht seiner Robusten hinweg. Idealerweise sollte man die Rippen der Pferde jedoch gerade noch fühlen, wenn man die flache Hand auflegt. Ertastet man sie erst nach langem „Kneten", ist das Pferd zu dick!

Jedem seine Portion

Füttert man Pferde auf der Weide oder im Laufstall mit Kraftfutter, hat man immer wieder Probleme mit Futterneid: Ranghohe Pferde vertreiben die Schwächeren gnadenlos von ihren Schüsseln. Abhilfe schafft hier das gute alte Hafersack-Prinzip. Dazu wird für jedes Pferd ein Plastikeimer so mit einem Baumwollbändchen versehen, daß man ihn dem Pferd umhängen kann. Das Bändchen wählt man dazu etwa so lang wie Nackenstück und Backenstücke eines Halfters. Das Pferd kann den Eimer nun am Boden abstellen und in Ruhe leerfressen. Jagt ein Ranghöheres es fort, nimmt es sein Futter mit.

Natürlich muß man sich etwas Zeit nehmen, sensible Pferde an das ungewohnte „Kopfstück" zu gewöhnen. Vorsichtshalber wählt man auch immer ein Bändchen, das schnell reißt, wenn das Pferd in Panik gerät und mit dem Kopf schlägt.

Füttern und Tränken

Besonders Ponys sind gute Futterverwerter.

Rauhfutter

Während zu große Kraftfuttergaben ein Pferd leicht schwitzen lassen, verbessern ausreichende Rauhfuttermengen, etwa drei Stunden vor der Anstrengung verfüttert, den Flüssigkeitshaushalt des Pferdes. Man rechnet etwa ein Kilogramm Heu pro 100 Kilogramm Körpergewicht. Weniger hat nicht die gewünschte Wirkung, mehr erhöht das bei der Anstrengung mitgeschleppte „tote Gewicht".

Wann ist Heu trocken?

Um zu testen, ob Heu gut getrocknet ist, nimmt man eine Handvoll davon

Können wir einfahren? Ein einfacher Test

und dreht es zu einem Strick zusammen. Dabei muß eine große Anzahl der durch die Verdrehung beanspruchten Halme brechen. Läßt das Heu sich gummiartig verdrehen, so ist es noch nicht reif zum Einfahren.

Salz im Heu

Heu wird schmackhafter, wenn man vor dem Pressen etwas Viehsalz dazwischen wirft (etwa 250 Gramm auf 50 Kilo Heu). Das Salz soll auch Pilzbildung vermeiden und die Feuchtigkeit aufnehmen, die das Heu vielleicht noch ausschwitzt. Darauf darf man sich allerdings nie verlassen! Insbesondere zwischen schon gepreßte Heuballen geworfen, kann das Salz nicht verhindern, daß das Heu infolge ungenügender Trocknung schimmelt oder sich gar entzündet.

Laktierende Stuten benötigen besondere Sorgfalt in der Fütterung.

Warme Mahlzeit

Verdauungsregelnd, dazu ideal für ein schönes Haarkleid und besonders an naßkalten Winterabenden eine willkommene Abwechslung im Speiseplan ist eine Mash-Mahlzeit.
Dazu werden pro Pferd etwa 100 Gramm Leinsamen 20 Minuten lang mit ein bis zwei Liter Wasser gekocht. Die lange Kochzeit ist zur Zerstörung des Blausäuregehaltes im rohen Leinsamen nötig. Vorheriges Einweichen (bis zu 12 Stunden) verringert sie nicht. Den Leinsamen vermischt man dann mit einem halben bis einem Kilo Quetschhafer und etwa einem Pfund Weizenkleie. Eventuell kann kaltes Wasser nachgegossen werden, damit die Mischung gut durchfeuchtet ist. Sie wird lauwarm verfüttert.
Man kann den Geschmack von Mash noch verbessern, indem man etwas Melasse zufügt oder Kräuter mitkocht (z. B. Kamille, Brennessel, Spitzwegerich). Falls das Pferd zur Verstopfung neigt, mischt man ein bis drei Eßlöffel Glaubersalz unter das Mash.
Natürlich kann man Leinsamen auch ohne Hafer und Kleie verfüttern. Dazu

Füttern und Tränken

Warmes Mash schmeckt allen Pferden.

kocht man ihn wie oben beschrieben und mischt ihn einfach unter das übliche Futter.
Aber Vorsicht: All zu häufige Leinsamenfütterung ist ungesund. Der Schleim umkleidet die Darmwände dann zu dicht und behindert die Aufnahme von Mineralstoffen. Häufiger als einmal, höchstens zweimal die Woche sollte Ihr Pferd deshalb nicht warm speisen!

Viel Steine gab's

Wenn Pferde dazu neigen, ihr Futter in sich hineinzuschlingen, besteht immer die Gefahr einer Schlundverstopfung. Der alte Stallmeister legte solchen Vielfraßen ein oder zwei große Steine in die Krippe. Die Pferde mußten sie hin und her schieben, um an ihr Futter zu kommen, und fraßen dadurch langsamer. Falls das Pferd auch beim Heufressen zum Schlingen neigte, wurde das Heu mit Stroh vermischt verfüttert.

Weizenkleie

Bei fiebernden Pferden setzte der alte Stallmeister die Kraftfuttermenge auf bis zu 1/8 der gewohnten Menge herab. Dafür ergänzte er die Ration um etwa ein Pfund Weizenkleie.
Übrigens: Leicht angefeuchtete Weizenkleie hilft gegen leichte Durchfälle, weil sie stopft. Sehr nasse Kleie führt dagegen ab. Ganz trocken sollte Weizenkleie nie verfüttert werden, denn dabei besteht vermehrte Gefahr von Schlundverstopfung.

Weizenkleie sicher aufbewahren!
Sehr wichtig bei Weizenkleie ist die pferdesichere Aufbewahrung! Auf gar keinen Fall darf ein ausgebrochenes Pferd die Möglichkeit haben, sich am Kleiesack nach Belieben zu bedienen, denn so gesund und nützlich sie sein kann – bei überreichlichem Genuß besteht nicht nur Kolik-, sondern Lebensgefahr!
Weizenkleie ist stark phosphorhaltig und führt in zu großen Mengen schnell zu Darmentzündung, Selbstvergiftung des Körpers, Durchfällen und Tod durch Colitis X.

Haarwechsel

Ein halber Liter Hirseflocken pro Tag sorgt für schnellen Haarwechsel und ein schönes Fell und kommt obendrein dem Hufwachstum zugute.
Auch ein Schuß Leinöl in jede Mahlzeit verbessert das Haarkleid und ist obendrein gut für die Verdauung.

Es gibt viele Rezepte für ein schönes und gesundes Fell.

Gerste

Gerste ist in orientalischen Ländern das Hauptfuttermittel für Pferde. Dem Propheten Mohammed werden sogar die Worte „Soviel Körner Gerste du deinem Pferde gibst, so viele Sünden werden dir vergeben" zugeschrieben.
Hierzulande macht man sich im Himmel allerdings beliebter, wenn man sein Pferd mit Hafer füttert. Die hiesigen Gerstesorten sind extrem hartschalig und werden kaum verdaut, wenn man sie nicht grob geschrotet oder gekocht verfüttert. Auch in bezug auf Nährwert und Bekömmlichkeit sind andere Futtermittel eindeutig vorzuziehen.

Futterumstellung

Grünfutter ist leichter verdaulich als Heu. Die Umstellung von Heufütterung auf Weidehaltung sollte langsam und vorsichtig erfolgen. Futterumstellung kann immer eine Kolik zur Folge haben, und zudem riskiert man bei zu rascher Gewöhnung an eiweißreiche Weiden eine Hufrehe. Am ersten Tag genügen wenige Minuten Weidegang, dann steigert man täglich um etwa eine Stunde. Die Kraftfuttergaben werden herabgesetzt. Die Fütterung von gekochtem Leinsamen mit viel Schleim unterstützt die Umstellung. Auch Pferde, die im Winter regelmäßig Saftfutter (Rüben, Möhren, Äpfel) erhalten haben, stellen sich leichter um.

Appetitlosigkeit

Schlechte Fresser und abgemagerte Pferde verwöhne der alte Stallmeister

— Füttern und Tränken —

Bewegung bringt den Appetit in Schwung.

mit einer Tasse Melasse als Zusatz zu jeder Mahlzeit. Auch auf einen Löffel Honig im Futter reagieren sie meistens sehr gut. Wer Angst um die Zähne seines Pferdes hat, kann aber auch einen Eßlöffel Kochsalz ans Futter geben.
In alten irischen Gestüten pflegte man dem Futter von Rennpferden im Training Guiness-Bier zuzusetzen. Wer seinem Pferd lieber keinen Alkohol ins Essen mischt, erzielt mit Malzbier (eine kleine Flasche pro Tag) dieselbe aufbauende Wirkung.

Schokolade

Süßigkeiten haben auf manchen Reiter eine anregende Wirkung. Das ist kein Zufall, denn Schokolade enthält Theobromin, eine Substanz, die in ihrer Wirkung dem Coffein ähnelt. Sie ist ungefährlich, fällt aber unter das Dopinggesetz, wenn sie nach Wettbewerben im Blut von Pferden festgestellt wird. Lassen Sie Ihr Pferd oder Pony also keinesfalls vor einem Turnier oder Distanzritt mitnaschen, wenn Ihnen der Sinn nach Süßem steht.
Erlaubt – und von vielen Pferden als ebenso anregend und erfrischend empfunden – ist dagegen ein Orangenviertel zwischendurch. Natürlich muß die Apfelsine vor dem Verfüttern geschält werden.

Birnen

Sie werden von Pferden gern gefressen, lösen aber schneller Kolik aus als beispielsweise Äpfel. Als reguläres Saftfutter sind sie folglich nicht so geeignet, aber eine Frucht als Belohnung – oder weil der Baum so einladend neben dem Auslauf steht – ist natürlich nicht schädlich.

Muntermacher mit Prozenten
Der alte Stallmeister verwöhnte seine Pferde gern mal mit einem guten Schluck. Da gab es Hafermehlsuppe mit zwei Gläschen Kognak, Port-

wein in warmem Wasser oder Brot, eingeweicht in Bier und anderem Hochprozentigen.
Zumindest Bier wird von Pferden auch ausgesprochen gern genommen, und bestimmt sagen nicht nur Trakehner gern ja zu einem süßen Schlückchen Bärenfang. Wie es allerdings mit der Verkehrstüchtigkeit von Reitern und Pferden nach Ausprobieren dieser Rezepte steht und was die Dopingregelungen der verschiedenen Verbände dazu sagen, bleibt die Frage.

Gesunde Leckerbissen

„Will man seinem Pferde gesunde Leckerbissen gönnen, so gebe man ihm im Frühjahr junge, gut abgespülte Disteln, etwa drei bis vier Hände voll zu einer Hafermahlzeit."[8]
Auch von Urlaubsreisen in den Süden kann man Pferden gesunde Leckerli mitbringen. Johannisbrot wächst zum Beispiel in Südspanien wild und eine Plastiktüte voll ist in wenigen Minuten gepflückt. In kleine Stücke zerbrochen sind die Schoten beliebte Belohnungen.
Johannisbrot (Affenbrot) – im Urlaub selbst gepflückt oder aus dem Reformhaus – ist auch ein natürliches Mittel gegen Durchfall. Besonders die harmlosen Durchfälle bei Futterumstellung oder Weideauftrieb lassen sich damit zuverlässig behandeln. Unerklärliche Durchfälle gehören allerdings in den Zuständigkeitsbereich des Tierarztes! Selbstmedikation kann hier schwere Schäden anrichten.

Knabberzeug

Besonders im Fellwechsel lieben Pferde das Knabbern von Rinde. Zweige von Obstbäumen schmecken am besten, aber auch Birke und Haselnuß werden gern genommen. Das Kauen an den Zweigen ist gut für die Zähne und beschäftigt die Pferde beim Stehen in der Box oder im Auslauf. Zudem versorgt es sie mit ätherischen Ölen, Mineralien und Vitaminen.

Vorsicht mit Tannenbäumen!

Auch ausgediente Weihnachtsbäume werden von vielen Pferden gern abgeknabbert. Sorgen Sie vorher aber dafür, daß wirklich alles Lametta entfernt ist. Stehen die Pferde in Sandausläufen, sollte der Baum im Stall oder auf dem Stallvorplatz angebunden werden. Die Pferde schleifen ihn sonst durch den Auslauf und nehmen dann beim Beknabbern der Äste Sand zu sich, der Koliken auslösen kann.
Doch so gern Tannen und Fichten angeknabbert werden: Beim Verfüttern an tragende Stuten ist Vorsicht geboten. Das in den Nadeln enthaltene Tannin kann Fehlgeburten auslösen. Es

---

[8] Keller, von, Alexander: Erfahrungen eines alten Reiters. Leipzig 1877, S. 17

Füttern und Tränken

Achten Sie darauf, daß die Pferde ihr Knabberzeug nicht durch den Sand schleifen!

galt bei den Hebammen des Mittelalters als probates Abtreibungsmittel.

Vorsicht, Zucker!
Einige alte Rezepte empfehlen, Leistungspferde mit Zuckerwasser zu füttern.
Grundsätzlich sollten „Süßigkeiten" – wozu natürlich auch Honig und Rübenschnitzel gehören – aber nur in kleinen Mengen auf der Pferdespeisekarte stehen. Auch Pferde können an Karies erkranken!
Verdacht auf Karies besteht immer dann, wenn ein Pferd schlecht frißt, ungern das Gebiß nimmt und beim Reiten mit dem Kopf schlägt. Die Erkrankung muß in einer Tierklinik behandelt werden.

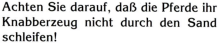

Pferde sind Rauhfutterfresser.

— Futterzusatz —

Billiger, wenn auch vielleicht nicht so wirksam, war ein Anti-Zahnschmerz-Rezept aus dem Mittelalter: Nachdem man einen Esel geküßt habe, so hieß es, wären die Schmerzen wie weggeblasen! Es steht allerdings zu befürchten, daß Sie Ihr Pferd zu solchen Zärtlichkeiten für Grautiere nicht überreden werden.

Lebertran

Lebertran ist ein gesunder Zusatz zum Pferdefutter. Durch seinen Vitamin-D-Gehalt verhindert er Aufzuchtmängel bei Fohlen, sorgt dank Vitamin A für einen gesunden Hautstoffwechsel und damit ein schönes Fell und kann bei rehegefährdeten Pferden eiweißreiches Kraftfutter ersetzen.
Man gibt drei Eßlöffel bis 1/4 Liter täglich über das Futter. Der Lebertran wird auch von wählerischen Pferden – im Gegensatz zu den meisten Kindern – nach kurzer Gewöhnungszeit gern genommen.

Schönheit und Leistung

100 Gramm Bierhefe oder Treber pro Tag beeinflußt die Darmflora des Pferdes positiv, reguliert den Stoffwechsel und erleichtert Futterumstellungen. Es steigert die Leistungsfähigkeit und sorgt für ein schönes Fell.

Leicht verdaulich

Äpfel sind wesentlich leichter verdaulich und führen nicht so schnell zu Durchfällen, wenn sie vor dem Verfüttern kleingeschnitten und zum Braunwerden weggestellt werden. Außerdem werden Obst- und Möhrenmahlzeiten vom Pferdeorganismus besser verwertet, wenn sie nicht gleichzeitig mit Hafer oder anderem Kraftfutter verabreicht werden. Alle karotinhaltigen Futtermittel wie Möhren und Rote Beete kann der Organismus besser aufschließen, wenn ein Schuß Pflanzenöl (Leinöl, Sonnenblumenöl) mitgefüttert wird.

Kleingeschnittene Äpfel werden besser vertragen.

Ausgerechnet Bananen!

Magnesiummangel kann Pferde nervös machen, aber das ist seltener, als die meisten Reiter glauben. Falls Sie aber vorbeugen möchten: Eine Banane am Tag versorgt das Pferd ausreichend mit Magnesium und so manchen anderen Vitaminen und Mineralien. Falls die Kur beim Pferd nicht anschlägt, versuchen Sie es vielleicht beim Reiter. Wenn der ruhiger wird, färbt das meist aufs Roß ab!

So werden Brennesseln schmackhaft

Brennesseln sind sehr gesund für Pferde, werden aber auf der Weide kaum angerührt. Mäht man sie allerdings ab und läßt sie liegen, fressen die Pferde sie gern, sobald sich die Bitterstoffe verflüchtigt haben. Am besten mäht man die Brennesseln aber erst, wenn die Weide bereits etwas heruntergefressen ist. Frisches Gras schmeckt nämlich immer besser als Nesseln. Brennesseln gehören übrigens zur Nahrungsgrundlage vieler Schmetterlingsarten. Im Sinne des Naturschutzes sollten Sie deshalb nicht den Ehrgeiz entwickeln, die Pflanze gänzlich aus Ihren Haltungsanlagen zu verdammen.

Gefahren bei Schnittgrasfütterung

Falls Hahnenfuß auf Ihren Pferdeweiden anzutreffen ist, sollten Sie bei der

Auch auf der Weide gehaltene Pferde brauchen zusätzliches Mineralfutter.

Wurmbefall

Möhren gegen Würmer?

Entwurmung von Pferden mittels Möhrenfütterung gehört in den Bereich des Aberglaubens. Die Wurzel dieser Idee liegt darin, daß das in Möhren enthaltene Vitamin A im Pferdemagen und -darm zur explosionsartigen Vermehrung der Parasiten führt. Einige davon werden zwangsweise mit dem Kot ausgeschieden, und der unerfahrene Pferdehalter hält eine Entwurmung für vollzogen.

Erfahrene Stallmeister hielten allerdings schon im 16. Jahrhundert nichts von dieser Methode. Alte Bücher raten zu Mischungen aus Essig, zerstoßenen Eierschalen, Pfeffer und Eisenrost. Oder man versuchte es gleich mit Magie, indem man dem Pferd des Nachts in aller Heimlichkeit ein Roßbein um den Hals hängte. Christlicher orientierte Stallmeister verließen sich dagegen eher auf den „Wurmsegen":

„Das pfert beyssen die worme. Also sie synt weys, swarcz und rot: lieber herre Jhesu Crist, die worme die seint tot!"

Tatsächlich können Pferde nur mittels handelsüblicher Wurmkuren entwurmt werden, und die sind heute viel schonender für den Pferdeorganismus als zu Zeiten des alten Stallmeisters. Wer sie trotzdem so selten wie möglich anwenden möchte, achtet auf äußerste Sauberkeit im Pferdestall und Auslauf und läßt seine Pferde im Sommer auf große Weiden. Auch regelmäßiges Mistabsammeln auf der Weide hält den Wurmbefall in Grenzen, denn die Wurmlarven werden mit Gras bzw. bei Boxpferden mit verunreinigtem Stroh aufgenommen. Zur Überprüfung des Wurmbefalls kann man regelmäßig Kotproben nehmen und vom Tierarzt untersuchen lassen. Dazu nehmen Sie am besten drei Tage hintereinander jeweils eine Probe und vermischen den Kot gut miteinander. Bei diesem Vorgehen verringert sich die Gefahr, zufällig eine Probe ohne Befund zu erhalten.

Verfütterung von Schnittgras gewisse Vorsichtsmaßnahmen einhalten. Hahnenfuß ist eine Giftpflanze, die wegen ihrer Bitterstoffe von weidenden Pferden weitgehend gemieden wird. Schon im angetrockneten Zustand verlieren sich jedoch diese Geschmacksstoffe. Das Pferd frißt den Hahnenfuß in größeren Mengen mit, und die Pflanze kann Durchfall und andere Vergiftungserscheinungen hervorrufen. Die Giftstoffe verflüchtigen sich erst nach etwa drei Monaten. So lange sollte hahnenfußhaltiges Heu ablagern.

Übrigens meiden Pferde auf der Weide auch die Herbstzeitlose, die ebenfalls giftig ist. Ihre Giftstoffe verflüchtigen sich bei der Heutrocknung leider nicht. Also auf keinen Fall Heu von Wiesen verfüttern, auf denen Herbstzeitlose vorkommen! Neben der Eibe ist sie eine der giftigsten einheimischen Pflanzen für Mensch und Tier!

Was dem Reiter recht ist ...

sei dem Pferd billig. Dies scheint das Motto des Stallmeisters gewesen zu sein, der dem Pferd Kautabak zur Anregung des Appetits verschrieb: *„Blättertabak, ein Kilo und ein Kilo Salz und 1/2 Kilo Wacholderbeeren klein gestoßen, gut gemischt und auf jedes Futter anfangs ein halber, später ein Eßlöffel voll gestreut, ist eine Mischung, welche ausgezeichnet die Freßlust reizt."* [9]

Wintertränke

Pferde sind, was das Trinken angeht, noch ziemlich instinktsicher. Die meisten wissen genau, wieviel Wasser ih-

---

[9] L. von Hendebrand und der Lasa, Das Pferd des Infanterie-Offiziers, Leipzig 1878

Kein Eis auf der Tränke – durch das Holz bleibt das Wasser in Bewegung.

nen z. B. nach Anstrengungen bekommt und überschreiten diese Menge nicht. Man braucht sich auch keine Sorgen zu machen, wenn sie im Winter Eiskrusten aufblasen oder -schlagen und das kalte Wasser darunter trinken. Besonders hochblütigen Pferden kann man aber oft eine Freude machen, indem man sie an eiskalten Tagen mit warmem Wasser tränkt. Auch wenn das Pferd erhitzt in den Stall kommt, empfiehlt es sich, kein allzu kaltes Wasser anzubieten.

Außentränken frieren im Winter nicht zu, wenn man ein Stück Holz darin schwimmen läßt. Die Pferde bewegen es beim Trinken und reißen damit eine entstehende Eisdecke auf.

Tränken vor dem Ritt

Idealerweise sollte einem Pferd stets Wasser zur freien Aufnahme zur Verfügung stehen. Auf jeden Fall muß jedoch unmittelbar vor einem anstrengenden Ritt getränkt werden. Geschieht das nicht mindestens vier Stunden vor dem Ritt, so wirkt sich der Wassermangel nachteilig auf den Wasserhaushalt und damit auch auf die Leistung aus. Auch während des Rittes und nach dem Ritt darf das Pferd jederzeit Wasser zu sich nehmen. Bei der Teilnahme an Distanzritten empfiehlt es sich aber, darauf zu achten, daß es nicht unmittelbar vor der Pulsmessung trinkt. Die Wasseraufnahme führt nämlich zu kurzzeitiger Erhöhung der Pulsfrequenz.

Selbsttränken auf der Weide sind praktisch, müssen aber regelmäßig gereinigt werden.

Wählerische Trinker

Es ist ein Vorurteil, daß abgestandenes Wasser Pferden besser bekommt als frisches. Auf keinen Fall sollte man Trinkwasser in Boxenställen länger stehenlassen und dann damit tränken. Die Ammoniakgase der Stalluft können sich darin niederschlagen und beim Pferd Verdauungs- oder Nierenstörungen verursachen.

―――― Füttern und Tränken ――――

Auch Selbsttränken sollten deshalb mindestens einmal täglich gereinigt werden.

„Das Pferd ist im allgemeinen sehr empfindlich für plötzlichen Wechsel im Trinkwasser. Diese Empfindlichkeit geht speziell beim Vollblut so weit, daß manche Rennpferde, wenn sie bei ihren Reisen von einem Rennplatz zum andern das gewohnte Wasser entbehren müssen, in ihrer Kondition zurückgehen." [10]

Wasser von daheim

Erkenntnisse wie diese haben auch schon so manchem modernen Turnier- und vor allem Distanzreiter zu schaffen gemacht. Plötzlich schmeckt auf dem Turnierplatz das Wasser anders, das Pferd lehnt es ab und steht

kurz vor der Dehydration. Erfahrene Reiter mit empfindlichen Pferden laden deshalb grundsätzlich einen Kanister mit heimischem Wasser zu, wenn sie zu einer Veranstaltung fahren. Das wird schnell zur Routine und kann Reiter und Pferd viele Probleme ersparen.

Ein anderer Trick besteht darin, das Pferd grundsätzlich mit geschmacklich verändertem Wasser zu tränken, also z. B. jedem Trinkwasser etwas Obstessig beizumischen. Der Geschmack des Essigs überlagert dann auch den Geschmack des fremden Wassers. Bei stark beanspruchten Pferden kann man anstelle des Essigs auch eine Elektrolytmischung beimischen. Die läßt das Wasser leicht salzig schmecken und beugt obendrein einer Dehydration vor, wenn das Pferd auf Veranstaltungen doch etwas wenig trinkt.

Teefreunde

Praktisch alle Pferde sind große Teeliebhaber. Die meisten mögen ihn über ihr Futter gegossen, aber manche schätzen ihn auch als Getränk. Natürlich sollte er dann lauwarm angeboten werden.

Neben den beim Thema „Husten" genannten Erkältungstees wirkt:
- **Brennesseltee** entschlackend bei Lahmheiten und Rehe, in Kombination mit **Ackerschachtelhalm** auch lindernd bei Arthrose.
- **Schwarzer Tee** (in Maßen) gegen Durchfall.

---

10 Wrangel, Graf v.: Das Buch vom Pferde, Stuttgart 1895

Tee

Hagebutten, als Tee oder roh verfüttert, bieten einen winterlichen Vitaminstoß.

- **Johanniskrauttee** ist beruhigend nach Aufregungen (Turnieren).
- **Schachtelhalmtee** fördert gesunde Haut und wirkt gegen Ekzeme.
- **Hagebuttentee** sorgt für einen gesunden Verdauungsapparat, Blutreinigung und Harnförderung. Hagebutten sind wegen ihres hohen Vitamin-C-Gehalts auch ein gutes Futtermittel. Versuchen Sie also, ob Ihr Pferd sie mag, und pflücken Sie ihm welche als Leckerbissen und winterlichen Vitaminstoß.
- Tee aus der **Isländischen Moosflechte** wirkt lindernd bei Freßunlust, Darmerkrankungen und beugt Koliken vor. Er hat auch eine gute Wirkung gegen Husten.

Im allgemeinen werden die Tees mit kochendem Wasser aufgeschüttet (etwa eine Kaffeekanne voll Wasser auf eine Handvoll Teeblätter) und müssen 10 Minuten ziehen. Die Teekräuter können mitverfüttert werden.

„Fitneß-Drink"

Die allgemeine Fitneß des Leistungspferdes kann durch Borretsch-Tee gesteigert und erhalten werden. Man übergießt dazu 40 Gramm blühendes Kraut mit zwei Liter kochendem Wasser, läßt zwanzig Minuten ziehen und gibt nach dem Abgießen weitere 2 Liter Wasser dazu. Mit dem Futter wird der Tee gern aufgenommen, 2 Liter am Tag sind erlaubt.

Auch frischer Borretsch als Weidepflanze wirkt herzstärkend und blutreinigend. Das Kraut kann im Garten oder als Bestandteil einer Weidemischung ausgesät werden. Hat man dazu nicht die Möglichkeit, so gibt es Borretsch-Tee natürlich auch in der Apotheke. Lassen Sie sich dann Borretsch-Blätter und Borretsch-Blüten zu gleichen Teilen mischen.

Pferdepflege: Sauber und ordentlich von Kopf bis Huf

Pferdepflege

Vom Wert des gründlichen Striegelns

Wenn ein Pferd schnell „blank" geputzt werden mußte, griff der alte Stallmeister zu folgendem Trick: Das Pferd wurde mit einer Kardätsche mit weichen Borsten geputzt, wobei man die Kardätsche aber nicht am Eisenstriegel, sondern an einem angefeuchteten Schwamm ausstrich. Anschließend erhielt das Fell mit einem weichen Baumwolltuch oder einem Stück Schaffell den letzten Schliff.

Fachgerechtes Putzen ist eine Wissenschaft für sich.

Auch das Abreiben mit einem öligen Lappen oder einem Fensterleder bringt Pferdefell schnell zum Glänzen, weil es den Schmutz an der Felloberfläche bindet.

„Ein Pferd gut zu putzen, gewährt demselben unendlich größere Vorteile als man gewönlich glaubt. Es veranlasst das Zuströmen des Blutes zur Oberfläche des Körpers, verhindert dadurch eine Stockung der Säfte in den innern, edlen Organen, befördert eine allgemeine Circulation des ganzen Systems, gibt der Lunge Elasticität und unterstützt wesentlich Athem und Verdauung."[11]

So sah man es 1878 und hatte damit gar nicht mal so unrecht. Tatsächlich fördert ein gründliches Massieren des Pferdes beim Putzen die Blutzirkulation – und zwar nicht nur beim Pferd, sondern auch beim Reiter! Beim sorgfältigen Putzen wird man warm und verliert schon ein wenig die Bürosteife, bevor man aufs Pferd steigt. Zudem fördert die Beschäftigung vom Boden aus die gute Beziehung zwischen Pferd und Reiter. So ist es z. B. immer sinnvoll, ein Pferd, das man zum ersten Mal reiten soll, selbst fertig zu machen. Ein erfahrener Reiter wird schon beim Putzen feststellen, ob er ein kitzliges und sensibles oder eher unempfindliches und phlegmatisches Tier vor sich hat. Voraussetzung für all das ist natürlich, daß man sein Pferd nicht putzt wie ein Auto! Ein schweigend und mechanisch putzender Reiter, der sein Pferd durch ständige Strafandrohung dazu erzogen hat, bei der Körperpflege weder Freuden- noch Unmutsreaktionen zu zeigen, bringt sich und das Tier um jeden Genuß und Nutzen der Putzstunde.

---

11 Hippologische Mittheilungen und Notizen über die Natur, Eigenschaften, Pflege und Verwendung des Pferdes, Friedrich Beck, Wien 1878

Putzen

Pferde fachgerecht entstauben

Es ist nicht einfach, ein Pferd zu reinigen, das nach ausgiebigem Schlammbad mit schmutzverkrustetem Fell herumläuft. Erfahrene Stallburschen aus der guten alten Zeit halfen sich hier mit Sägemehl. Nach dem flüchtigen Abkratzen der Dreckkruste tauchte man die Kardätsche in möglichst etwas feuchtes Sägemehl und bürstete zügig über das stumpfe, staubbedeckte Fell. Durch seinen Gehalt an ätherischen Ölen band das Sägemehl den Staub, und das Pferd sah anschließend nicht mehr grau aus, sondern glänzte. Das herabrieselnde, grau gefärbte Sägemehl ließ sich nach dem Putzen problemlos zusammenkehren.

Um den Glanzeffekt noch zu steigern, tauchte man zuletzt ein Handtuch in warmes Wasser, wrang es sorgfältig aus und wischte kurz über das Fell.

Draußen putzen!

„Erlaubt es das Wetter, so sollte man die Pferde stets im Freien putzen lassen; sie geniessen die frische Luft, und der Pferdestaub verunreinigt nicht, wie dies im Stalle kaum zu vermeiden, die Augen, Nase und die Krippe."[12]

Auch dies ist ein Rat, der heute noch seine Berechtigung hat. Viele Pferde verbringen ihr Leben zwischen Box und Reithalle. Etwas frische Luft und Ausblick, wenigstens beim Putzen, sollte jeder Reiter ihnen gönnen!

Fellwechsel

Wenn Robustpferde ihr Fell wechseln, kann man die Winterhaare oft büschelweise auszupfen. Besonders im Gesichtsbereich haben viele Pferde diese Behandlung mit den Händen lieber, als ein Abrubbeln mit dem Strie-

Der Trick mit dem Handschuh

gel. Dabei hat es sich für den Reiter bewährt, einen Gummihandschuh überzuziehen. Man kann damit besser rubbeln als mit bloßen Fingern, und die Haare laden sich nicht auf.

---

12 Hippologische Mittheilungen und Notizen über die Natur, Eigenschaften, Pflege und Verwendung des Pferdes, Friedrich Beck, Wien 1878

Pferdepflege

Körperpflege an der frischen Luft

Mutiger Schnitt für schönes Haar

In Südspanien ist es üblich, Jährlingsfohlen Mähne und oft auch Schweif radikal zu kürzen. Die nachwachsende Mähne soll dann um so voller und schöner werden. In einem Artikel in einer Frauenzeitschrift, der zu Kurzhaarfrisuren für Kinder riet, fand ich jetzt rationale Begründungen für diesen Brauch: Je kürzer das Haar gehalten wird, desto weniger Energie verbrauchen die Haarwurzeln für den Erhalt der Mähne. Sie sammeln dadurch ihre Kraft für späteren Haarwuchs und sorgen dann jahrelang für kräftigeres und volleres Haar. Möglicherweise lohnt sich also ein Versuch, die manchmal etwas spärliche Mähne von Arabern, Reitponys und Warmblütern zu stärken. Die Haarpracht eines Andalusierhengstes werden Sie damit aber sicher nicht erzielen – letztlich sind Haardicke und Menge beim Pferd wie beim Menschen genetisch bestimmt. Und auf ein Kürzen des Schweifs muß selbstverständlich schon aus Tierschutzgründen verzichtet werden. Den braucht das Fohlen schließlich zur Fliegenabwehr auf der Weide.

Wenn sich Mähnen und Schweife nach dem Waschen nicht auskämmen lassen, hilft eine Spülung mit Obstessig. Natürlich rettet sie kein vollständig verfilztes Haar, aber bei üppigen, lockigen Mähnen wie etwa bei Friesen oder Welsh-Ponys erzielt man damit gute Erfolge.

Heikles Thema

Die Reinigung des Schlauches bei Hengsten und Wallachen ist ein Thema, das die meisten Reiter mehr von der heiteren Seite nehmen. Der Versuch, es ernstlich zu diskutieren, endet meist mit einem Lacherfolg beim Gesprächspartner. Dabei ist die Verschmutzung des Schlauches durch Staub, Schlamm und Smegma (Körperfett, Schweiß und andere Ausscheidungen) durchaus nicht komisch. Bei Wallachen kann eine dauerhafte Verkrustung und Verschmutzung die Entstehung von Krebsgeschwüren fördern, bei Zuchthengsten führt Bakterienbesiedelung zu einer positiven Tupferprobe und damit der Notwendigkeit einer Behandlung vor dem Deckeinsatz.

Leider gibt es keinen unfehlbaren „Geheimtip", mittels dessen man das Pferd zum „Ausfahren" des Geschlechtsteils bringen kann. Man kann die Bereitschaft, sich im Intimbereich waschen zu lassen, aber erhöhen. Beginnen Sie dazu mit dem äußeren Bereich des Schlauches und nehmen Sie etwa 41 Grad warmes Wasser. Das entspricht der Temperatur in der Scheide der Stute und wird vom männlichen Tier als angenehm empfunden. Am besten legen sie die heikle Waschung an den Schluß der Putzstunde, damit das Pferd möglichst entspannt ist. Kraulen und Langziehen der Ohren tragen zu dieser Entspannung bei. Steht das Pferd still, dann führen Sie den Schwamm ruhig „ins Pferd hinein" und waschen die Hautfalten von innen gründlich aus. Dabei wird schon einiges an Schmutz erfaßt. Wenn Sie dabei vorsichtig vorgehen, wird der Hengst oder Wallach die Behandlung bald genießen. Oft läßt er den Schlauch schon nach der ersten Behandlung bereitwillig herunter, hartnäckige Fälle brauchen mehrere „Nachhilfestunden".

Nicht übertreiben!

In Kavalleriställen war es üblich, die Putzarbeit der Reiter und Pfleger zu überprüfen, indem man mit einem weißen Handschuh über das Pferdefell fuhr. Wirklich fachkundige Stallmeister erkannten dies jedoch schon gegen Ende des 19. Jahrhunderts als Schikane:

„Wahrhaft lächerlich ist es, wenn man mit Händen in weissen Handschuhen die Haut überfahrend die Pflege der Pferde kontrollieren will, und dabei verlangt, dass der Handschuh nicht beschmutzt werde. Die Haut eines gesunden Pferdes producirt immerwärend Ausscheidungen, welche einen Handschuh beschmutzen werden, und wenn man sich die Mühe gibt, jede Spur davon wegzuwischen, so entsteht eine Ueberreizung der Haut und ihrer Nerven, so dass die Haut bei

Pferdepflege

Bei warmem Wetter tut eine gründliche Reinigung mit Wasser gut.

ungünstigen Einflüssen, bei Kälte, Nässe eher Noth leidet und so empfindlich wird, dass die leiseste mechanische Einwirkung einen unerträglichen Kitzel veranlasst. Daher kommt die Neigung zu Erkältungen, und die Unart beim Putzen solcher Pferde." [13]
Moderne Reiter kommen zum Glück selten auf die Idee, ihr Pferd in dieser Hinsicht zu strapazieren. Zu bedenken ist der Rat jedoch, wenn ein Pferd, z. B. vor einem Turnier, gewaschen worden ist. Das Shampoo entfernt den natürlichen Hautschutz, und das Pferd friert sehr viel leichter. Es sollte eingedeckt werden, wenn es bei kaltem oder nassem Wetter draußen übernachten soll. Das kommt auch dem Erhalt seiner Sauberkeit zugute!
Nach der letzten Prüfung sollten Sie ihm dann erlauben, sich ausgiebig auf einem Sandplatz oder einer anderen, einladenden Stelle zu wälzen – auch wenn die anderen Turnierteilnehmer das lächerlich finden!

Glück beim Turnier ...

soll es bringen, wenn man die Mähne des Pferdes in eine unregelmäßige Anzahl von Zöpfchen flicht.

---

[13] Hippologische Mittheilungen und Notizen über die Natur, Eigenschaften, Pflege und Verwendung des Pferdes, Friedrich Beck, Wien 1878

Das Frisieren

Wer daran glaubt, wird sicher Erfolg damit haben. Zum Glück des Pferdes tragen Frisuren an Mähne und Schweif allerdings selten bei. Lange Mähnen leiden bei häufigem Einflechten. Die Zöpfchen sollten darin nicht über Nacht verbleiben. Im Schweifbereich ist es wichtig, die Haare an der Schweifrübe auf keinen Fall zu scheren oder kurz zu schneiden. Das nimmt den Pferden nämlich den natürlichen Schutz vor Regen und Fliegenbefall. Außerdem pieksen die Haare, wenn sie nachwachsen. Wesentlich besser als der Griff nach der Schere ist auch hier eine hübsche Flechtfrisur.

Schimmel – schön, aber arbeitsintensiv

Mistflecken am Schimmel

Der alte Stallmeister rieb die Flecken mit Holzkohle ein. Putzte man die dann heraus, verschwand dabei auch der Mistfleck. Das Pferd muß vor der Behandlung aber unbedingt ganz trocken sein, sonst schmiert das Ganze stark. Auch beim Schimmel im Winterfell ist die Methode mit Vorsicht zu betrachten. Hier kann man allenfalls die feuchte Variante ausprobieren:
„Schimmel, die sich gelbe Flecken geholt, werden mit nassem Holzkohlenstaub eingerieben und dieser nach Verlauf einer Stunde mit einer in laues Sei-

Pferdeschweife – besser flechten als schneiden

Pferdepflege

fenwasser getauchten Bürste abgebürstet."[14]

Eine weitere Möglichkeit ist das Ausreiben der Mistflecke mit Spiritus, aber besonders gut für die Haut ist das natürlich nicht. Am sichersten und gesündesten bleibt das Auswaschen mit Shampoo. Es entzieht dem Pferdefell zwar seinen warmen Schmutzmantel und greift auch den natürlichen Fellschutz an, aber beim ersten Wälzen nach der Wäsche sind diese Schäden fast schon wieder behoben.

Wälzen

„Es wird als Zeichen von Gesundheit angesehen, wenn Pferde vom Ritte oder von der Arbeit in den Stall zurück-

[14] Wrangel, C. G.: Taschenbuch des Kavalleristen, Stuttgart 1903, S. 205

Wälzen ist gesund und läßt das Pferd schneller trocknen.

gekehrt und abgesattelt, oder abgeschirrt, sich alsbald schütteln, oder in der Streu wälzen."

Diese Erkenntnis alter Pferdeleute gilt auch heute noch. Wälzen nach dem Ritt gehört zu den grundlegenden Bedürfnissen des Pferdes. Es dient der Entspannung nach der Arbeit. Zudem wird dabei Staub ins Fell gerieben, der den Schweiß bindet und damit ein rasches Abtrocknen erleichtert. Jeder Reiter sollte seinem Pferd deshalb ein Wälzen nach dem Reiten ermöglichen. Dabei eignen sich der Reitplatz oder die Reithalle besser zum Wälzplatz als die enge Box, in der auch die Gefahr des Festliegens besteht. Gewöhnlich lernt ein Pferd sehr schnell, sich auch an der Hand in der Reitbahn zu wälzen,

Absatteln richtig gemacht

so daß man keinen anderen Reiter stört, wenn man ihm das Vergnügen gönnt.

Naßgeschwitzte Pferde trocknen schneller, wenn man sie nach dem Reiten in Sägemehl wälzen läßt. Das Sägemehl setzt sich im Fell fest, nimmt die Feuchtigkeit auf und wird dann abgeschüttelt. Die Methode ist sehr viel sinnvoller und unproblematischer als das oft propagierte Trockenreiben mit Strohwischen. Letzteres ist bei natürlich gehaltenen Pferden im Winterfell eine mehrstündige Prozedur.

Nicht zu früh absatteln!

„Manche Erkältung oder Entzündung wird dadurch hervorgerufen, daß der Wärter nasse Pferde gleich nach der Heimkehr absattelt oder abschirrt. Der Sattel oder das Geschirr soll stets so lange auf dem Pferde liegen bleiben, bis der Wärter mit dem Reiben des Rückens beginnen kann." [15]

Auch wenn wir heute nicht mehr auf die Dienste eines Pferdeburschen zurückgreifen können, der unser Freizeitpferd nach dem Reiten trocken reibt, sollten wir diese Bemerkung des Grafen von Wrangel im Auge behalten. In modernen Pferdehaltungen kommt es oft vor, daß die Pferdedecke nicht gleich greifbar ist, wenn das Pferd vom Ausritt zurückkehrt, z. B. weil man sie zum Trocknen im Keller aufbewahrt.

---

15 Wrangel, Graf v.: Das Buch vom Pferde, Stuttgart 1895

Kann man das Pferd dann nicht in einen zugfreien Stall stellen, bis man sie geholt hat, ist es besser, den Sattel auf dem Pferd zu lassen.

Nach langen Ritten an heißen Tagen entstehen mitunter Hitzeschwellungen unter dem Sattel. Soweit sie weder entzündlich warm noch druckempfindlich sind, sind sie harmlos und verschwinden im Laufe einiger Stunden von selbst. Vermeiden kann man sie, indem man das Pferd nach dem Reiten nicht sofort absattelt, sondern es mit gelockertem Sattelgurt stehen läßt, bis es etwas abgekühlt ist.

Abhärtung der Sattellage

Regelmäßige Waschungen der Sattel- oder Geschirrlage nach diesem Rezept beugen Satteldruck vor:
Ein Liter Wasser, 1/2 Liter Essig und eine Handvoll Salz werden vermischt und nach jedem Reiten aufgetragen. Anstelle von Salz kann man auch Salmiak nehmen.

Anbinder

Wenn junge oder ängstliche Pferde am Anbinder in Panik geraten, und das Seil gibt nicht nach, können sie stürzen und sich schwer verletzen. Heute beugen Anbindestricke mit Panikhaken dieser Möglichkeit vor. Der alte Stallmeister befestigte dagegen ein Strohbändchen als „Sollbruchstelle" zwischen Anbinder und Strick. Die Me-

Pferdepflege

Strohbändchen als „Sollbruchstelle"

thode ist in England heute noch gebräuchlich und erweist sich in der Praxis als erheblich sicherer als der Panikhaken.

Halsriemen

In Gestüten mit Tradition sieht man es heute noch: Zuchtstuten und Jungpferde in Laufställen tragen Halsriemen statt Halfter. Der Halsriemen ist hier ein Kompromiß zwischen der Bequemlichkeit der Pferde – die ungern ständig mit einem Halfter am Kopf herumlaufen – und der ihrer Pfleger, die ihre Pferde gern „griffbereit" haben möchten.

Das Prinzip hat aber noch andere Vorteile. So erhält Anbinden und Führen am Halsriemen z. B. die Sensibilität des Pferdes. Es wird nicht ständig am Kopf herumgezogen, sondern muß auf die subtileren Berührungssignale am Hals achten. Auch der Führer des Pferdes wird sensibilisiert. Am Halsriemen kann er sich nämlich nicht auf seine Körperkraft verlassen, sondern muß genaue Anweisungen geben und gewaltfrei mit dem Pferd kommunizieren.

Eine echte Hilfe ist das „Halsband" oft auch bei anbindescheuen Pferden. Viele von ihnen reagieren auf den Druck des Halfters im Nacken instinktiv mit Zurückzerren. Erfolgt der Druck aber etwas tiefer am Hals, setzen manche sich neu damit auseinander und geben ihre schlechte Gewohnheit bald auf.

Aber Vorsicht: Bei frei auf der Weide laufenden Pferden birgt der Halsriemen nicht weniger Gefahr als ein Halfter. Auch darin können sich die Tiere mit dem Huf verfangen, wenn sie sich am Kopf kratzen oder wenn spielende Hengste oder Wallache aneinander hochsteigen. Sie können damit an Wasserwagen, Kratzbäumen oder Zaunpfählen hängenbleiben und sich erhängen oder die Halswirbelsäule verletzen. Überlegen Sie sich also gut, ob Sie Ihr Pferd wirklich mit Halsriemen oder Halfter auf die Weide schicken wollen! Besonders bei jungen Pferden

Hufpflege

Manche Pferde schätzen den Halsriemen als Halfterersatz.

ist das Risiko dabei nicht unerheblich und steht in keinem Verhältnis zu der kleinen Mühe, ein Halfter anzulegen, wenn man die Tiere hereinholt.

Hufe nicht zu oft fetten!

Schon 1878 warnten erfahrene Pferdeleute vor dem zu eifrigen Verwenden von „Hufsalben": *„Die Hufsalben sind durchaus kein Befeuchtungsmittel des Hufes. Durchschnitte des Hufhorns haben gelehrt, daß die fetten Hufsalben nur die äussersten Schichten des Hornschuhes durchdringen ... Überdies verhindern die Hufsalben, da sich Staub und Unreinigkeiten mit der Salbe mengen und krustenartig um die Oberfläche des Hornschuhes legen, die woltätige Einwirkung der Feuchtigkeit, der Luft und des Sonnenlichtes auf den Hornschuh ...
Es sollen demnach die Hufsalben nur in jenen Fällen angewendet werden, wenn es sich darum handelt, die zweckmäßig befeuchteten Hufe während der Dienstleistung vor zu schneller und zu starker Austrocknung zu bewahren."* [16]

Artgerecht gehaltene Pferde, die im Winter in einem drainierten Sandauslauf, im Sommer zumindest stundenweise auf der Weide stehen, brauchen gewöhnlich überhaupt keine zusätzliche Hufpflege. Lediglich in sehr trockenen Sommern empfiehlt es sich, die Pferde zum Beispiel während des Putzens oder bei der Kraftfutteraufnahme nach dem Reiten mit allen vier Hufen in Eimer mit Wasser zu stellen. Das beugt spröden Hufen besser vor als jedes Einfetten. Wer möchte, kann die Hufe nach dieser Behandlung mit Vaseline einreiben, um die Feuchtigkeit darin zu halten. In südlichen Ländern nimmt man zum selben Zweck Einreibungen mit Olivenöl vor. Den be-

---

[16] Hippologische Mittheilungen und Notizen über die Natur, Eigenschaften, Pflege und Verwendung des Pferdes, Friedrich Beck, Wien 1878

———————— Pferdepflege ————————

Hufe sollen täglich ausgeräumt werden.

sten Effekt gegen spröde Hufe sollen Hufpackungen mit Olivenöl ergeben.

Glänzende Hufe

Das Einreiben des sauberen, trockenen Hufes mit einer aufgeschnittenen Zwiebel vor dem Auftritt bei einer Schau oder einem Turnierstart sorgt für mindestens so schönen Glanz wie das Einreiben mit Huffett. Zudem entsteht hier kein Fettfilm, an dem Sand oder anderer Reitplatzbelag kleben bleiben kann.

Spröde Hufe

Zur Befeuchtung spröder und ausgetrockneter Hufe empfahlen Roßärzte allgemein Umschläge aus frischem Kuhmist. Lediglich „für vornehme Ställe" hielt man es für angebrachter, in Wasser eingeweichte Filzsohlen zu verordnen.[17]
Ergänzend mischten manche Pferdepfleger auch die folgende Hufsalbe für ausgetrocknete Hufe:
2 Loth Wachs
ein Pfund ungesalzenes Schweinefett
Saft von 8–12 Zwiebeln
4–6 Loth Kienruß[18]
Wachs und Schweinefett wurden erhitzt und dann die anderen Zutaten untergemischt.
Die Methode, Pferdehufe in Kuhmist einzuschlagen, wurde im alten Island übrigens auch zur Leistungssteigerung angewandt. Man war der Ansicht, die Pferde würden mehrstündige Ausritte besser durchhalten, wenn man am Abend vorher eine Packung mit lauwarmem Mist aufbrachte.

Bei schlechtem Hufwachstum

Hier sollte man den Kronenrand regelmäßig mit Lorbeeröl massieren. Mit einer alten Zahnbürste geht das leichter

---

17 Hering, C.: Das Pferd, seine Zucht, Behandlung, Structur, Mängel und Krankheiten, Stuttgart 1840, S. 467

18 Balassa, Constantin: Die Zähmung des Pferdes, Wien 1844, S. 224

— Beschlagen —

als mit den Fingern. Es ist zwar fraglich, ob hier wirklich das Öl oder einfach die Massage für die Wirkung verantwortlich ist, aber letztlich ist das wohl gleichgültig.

Beschlagen

„Beim Beschlagen können nur dann alle vier Eisen auf einmal abgenommen werden, wenn der Boden der Beschlagbrücke gut beschaffen, wenn das Pferd ruhig, und wenn dessen Hufe in einem guten Zustande sind; unter entgegengesetzten Verhältnissen werden die Hufeisen entweder paarweise, oder das zweite erst dann abgenommen, wenn das zuerst abgenom-

Wenn der Huf nicht zu hoch gezogen wird und das Pferd sicher steht, ist Hufpflege kein Problem.

mene Hufeisen durch ein neues wieder ersetzt ist." [19]

Durch ein solches Vorgehen können sich auch moderne Pferdehalter und Schmiede oft viel Streß ersparen. Besonders wenn sonst ruhige und schmiedefromme Pferde mit zunehmendem Alter beginnen beim Beschlagen herumzuzappeln, kann die Ursache in empfindlichen Hufen liegen.

Dunkle Mächte in Stall und Schmiede

Noch heute legen viele alte Schmiede nach Feierabend ihr Beschlagswerkzeug über Kreuz über die erkaltete Feuerstelle. Dieser Brauch beruht ursprünglich auf der Befürchtung, der Teufel könne in der Nacht Besitz von der Schmiede ergreifen und die Gerätschaften für Höllenwerk mißbrauchen. Auch fürs Gedeihen oder Kümmern der ihnen anvertrauten Pferde machten abergläubische Stallmeister noch vor hundert Jahren böse Mächte verantwortlich.

Magerte ein Pferd ab, so nahm man an, Kobolde und Trolle würden ihm nachts sein Futter rauben. Glänzte das Tier dagegen und war vor lauter Kraft kaum zu halten, dann lag das sicher daran, daß es zur Geisterstunde von den klei-

---

[19] Hippologische Mittheilungen und Notizen über die Natur, Eigenschaften, Pflege und Verwendung des Pferdes, Friedrich Beck, Wien 1878

Pferdepflege

nen Eindringlingen gestriegelt und gefüttert wurde.

Töggelis
Und übrigens: Falls Ihr Pferd zu den meist hochblütigen, bewegungsfreudigen Tieren gehört, deren Mähne morgens oft in Strähnen liegt, die wie gedreht aussehen – auch dafür können übersinnliche Kräfte verantwortlich sein! Die Zöpfe in der Mähne gehen, einem alten Bauernknecht zufolge, nicht etwa auf übermütiges Kopfschütteln zurück, sondern auf die Einwirkung von „Töggelis". Diese vergnügten Naturgeister setzen sich mitunter in Pferdeställen fest und haben nur Streiche im Kopf. So amüsieren sie sich königlich darüber, wenn wir Menschen beim Entwirren der Pferdemähne ins Schwitzen kommen! Töggelis kann man freundlich stimmen, indem man ihnen abends etwas Brei, Milch oder Essensreste in den Stall stellt. Nur rabiate Pferdehalter vertreiben die kleinen Strolche mittels eines in die Stallwand gesteckten Messers!
Sehen lassen sich die Kobolde aber auch von wohlmeinenden, neugierigen Menschen selten. Zumindest wenn Sie nüchtern in den Stall gehen, können Sie nicht damit rechnen, sie bei ihrem Flechtwerk zu erwischen!

Tricks beim Schmied

Hufe anheben

Sowohl beim Hufereinigen als auch beim Schmied hielt der alte Stallmeister auf individuelle Behandlung des Pferdes. So empfiehlt er, die Hufe kleiner und mittelgroßer Pferde niemals zu hoch aufzuheben: *„Dadurch erleidet das Tier Schmerzen; es können sogar Lahmheiten hierdurch entstehen."* [20] Vor allem aber neigen so fehlerhaft behandelte Pferde zu Widersetzlichkeiten! Passiert es mehrmals, so können sie sogar dauerhafte Ängste vor dem Besuch in der Schmiede entwickeln. Achten Sie also, gerade wenn Sie ein kleines Pferd besitzen, auf die korrekte Arbeit des Aufhalters. Das gilt besonders, wenn sich das Pferd plötzlich auflehnt, nachdem es sich jahrelang stets brav beschlagen ließ.

Der Trick mit dem Schweif

Steht das Pferd beim Schmied nicht still und man läuft Gefahr, daß einem beim Aufhalten der Hinterhufe die Nägel durch die Hand reißen, hilft es, den Huf mit dem Pferdeschweif zu umwickeln und ihn mit seiner Hilfe hochzuhalten. Der Schweif wird dazu von außen nach innen um den Huf geführt, damit eine Schlaufe entsteht. Diese Methode wirkt auch sehr rückenentlastend, besonders bei Ponyhufen.

Eine einfache und rückenschonende Methode zum Aufhalten der Hinterhufe

Schläger beim Schmied

Schlug ein Pferd gefährlich mit der Hinterhand, so half sich der alte Stallmeister beim Aufhalten für den Schmied mit einer Seilkonstruktion. Dazu wurde ein Eisenring in den Schweif eingeflochten, wie die Zeichnung zeigt, und das Hinterbein mit einer Manschette versehen. Nun führte man ein langes Seil von der Manschette durch den Ring im Schweif. Mit Hilfe dieser Konstruktion konnte das Bein aufgenommen und von einem ungefährdet ne-

---

20 Dr. U. Fischer, Der Veterinärgehilfe, Hannover 1918 (8. und 9. Aufl.)

Pferdepflege

ben dem Pferd stehenden Helfer aufgehalten werden.

So hält ein Ring im Schweif.

Ein so aufgehaltenes Pferd kann nicht schlagen.

Wenn die Eisen nicht halten

Wenn ein Pferd nach dem Beschlag stets sehr schnell die Eisen verliert und überhaupt zu sprödem Hufhorn und gespaltenen Hufen neigt, kann es helfen, ihm über mehrere Monate hinweg 2 Eßlöffel Gelatinepulver pro Tag zu verabreichen.

Vernagelt

Lahmt ein Pferd nach dem Hufbeschlag, ist es oft nicht einfach herauszufinden, an welcher Stelle es vernagelt wurde.
Der alte Stallmeister feuchtete in diesem Fall den Huf an und beobachtete, um welchen Nagel herum das Hufhorn zuerst trocknete. Da wurde dann ausgeschnitten und die Wunde versorgt.

> **Glück durch einen weißen Huf?**
> *Vier weiße Füße – gar nicht erst kaufen!*
> *Drei weiße Füße – behalt's nicht zu lange!*
> *Zwei weiße Füße – schenk' es einem Freund!*
> *Ein weißer Fuß – Behalt es ein Leben lang!*
> Diesem Spruch liegt einmal die Ansicht vieler – auch moderner – Schmiede zugrunde, daß weiße Hufe eher zu Hufkrankheiten neigen. Auch die Eisen sollen daran nicht so lange halten, wie viele Pfer-

Huf-Aberglaube

debesitzer bestätigen. Warum man trotzdem ein Pferd mit einem weißen Bein und keines mit ausschließlich dunklen Hufen behalten soll, erklärt eine arabische Legende. Ihr zufolge bringen Pferde mit einem weißen Bein Glück. Vielleicht ist dieser Aberglaube mit den Kreuzrittern in den Westen gelangt. Zumindest wenn der weiße Huf hinten lag, hatten die Beduinen keine Probleme mit der Neigung zum Hufeisenverlust. Sie ließen nämlich immer einen Huf unbeschlagen, weil sie meinten, das mache das Pferd trittsicherer.

Das Zeug zum Reiten und Fahren

Hilfszügel

„Die Eitelkeit führt so Manchen zur Zäumung seines Pferdes mit verschiedenen Hülfszügeln, weil er dadurch das Ansehen eines gewandten Reiters zu gewinnen glaubt, dem es möglich ist, einen nur durch solche Mittel zu bändigenden Tiger zu zwingen; er beachtet nicht, daß gerade das Gegentheil den Beweis für den guten Reiter liefert, weil dieser durch seine Geschicklichkeit das leistet, wozu andere mechanische Hülfen brauchen." [21]

Was ist dieser Meinung des alten Stallmeisters noch hinzuzufügen?

Verschnallung des Hannoverschen Reithalfters

E. F. Seidler, Stallmeister bei der Königlich-Preußischen Lehr-Eskadron, erklärt in seinem Buch „Die Dressur difficiler Pferde" genauestens das Anlegen und die Verschnallung des Reithalfters, das er etwa einen Zoll unter dem Backenknochen verschnallt. Aber: *„es giebt ... auch manche Pferde, die eine sehr lange Maulspalte haben, so daß das Mundstück bis an das Nasenband steigt und dadurch in seiner Wirkung gehindert wird; in diesem Falle müssen wir ausnahmsweise das Nasenband 1 1/2 Zoll tiefer und den hintersten Theil desselben unter das Trensenmundstück legen, daß dieses*

21 L. von Hendebrand und der Lasa, Das Pferd des Infanterie-Offiziers, Leipzig 1878

Für so kurze Maulspalten war das Hannoversche Reithalfter ursprünglich nicht konzipiert.

gleichsam in die Kinnkettungsgrube, wie eine Kinnkette, zu liegen kommt ... Doch schnalle man in diesem Falle das Nasenband nicht zu fest."

Heute sieht man Hannoversche Reithalfter dagegen vermehrt bei Pferden mit extrem kurzer Maulspalte wie etwa vielen Isländern. Damit wird ihre atembeengende Wirkung eher verstärkt.

Trense „mit Geschmack"

Zu Zeiten des alten Stallmeisters gab es noch keine rostfreien Trensen. Das wurde allerdings weder von den Reitern noch von den Pferden als negativ empfunden. Im Gegenteil: der Rostgeschmack der Trensen und Kandaren regte die Pferde zu lebhafter Kautätig-

Trense „mit Geschmack"

Ein guter Reiter braucht keine Hilfszügel.

keit an und beugte obendrein Eisenmangel vor. Der Nachteil der rostenden Gebisse lag – neben ihrem unattraktiven Aussehen – lediglich darin, daß sich im Laufe des Rostvorgangs Schrunden bildeten, welche die Trensen mit der Zeit scharfkantig werden ließen.

Der alte Stallmeister half sich dagegen mit einer erwärmten Mischung aus Öl und pulverisierter Holzkohle. Auch ein 24stündiges Einweichen in Petroleum sollte den Rost lösen. Er ließ sich dann leicht wegputzen.

In der heutigen Zeit ermöglichen allerdings spezielle Metallegierungen „Genuß ohne Reue" für Pferd und Geschirrputzer. Trensen und Stangen aus „Sweet Iron", erhältlich im Westernbedarf, bieten den begehrten Eisengeschmack, ohne direkt zu rosten. Auch verschiedene Kupferlegierungen werden von vielen Pferden gut angenommen.

pferden erfüllt die S-Stange oder die 7-Stange denselben Zweck. Bei letzterer haben die Anzüge die Form einer Sieben, und auch die geschicktesten Cow-Ponys bleiben erfolglos.

Paßt das Halfter?

Wenn Pferde viel Winterfell entwickeln, sollte man kontrollieren, ob man Trensenverschnallung und Halfter nicht der neuen Lage anpassen muß. Besonders Stallhalfter, die im Sommer genau passen, sind dem winterlichen „Pelztier" oft zu eng.

„Gute Condition ist die beste Vorgurte"[22]

Bei dieser Zäumung haben auch die größten Maulartisten keine Chance, die Anzüge mit den Lippen zu erwischen und festzuhalten.

Kandare mit Pfiff

Manche Pferde sind wahre Maulartisten, wenn es darum geht, die Anzüge ihrer Kandare oder ihrer Westernstange mit Lippen oder Zähnen zu umfassen und festzuhalten. Man überlistet sie durch die Verwendung einer sog. S-Kandare, die man zusätzlich durch ein Lederbändchen zwischen dazu angebrachten Ösen sichern kann. Ihre geschwungene Form verhindert den geschickten Übergriff. Bei Western-

Bei einem schlanken, gut trainierten Pferd sitzt der richtig angepaßte Sattel auch ohne Hilfsmittel. Das war die Einstellung des alten Stallmeisters zu Vorgurt und Schweifriemen. Besonders den ersteren lehnten alte Pferdekenner ab, weil er erstens den Sattel ruinierte und zweitens sehr viel fester angezogen werden muß als der normale Sattelgurt. Wie der Kavallerist v. Hendebrand sehr scharfsinnig anmerkt, liegt der Vorgurt auch *„von Anfang an auf der Stelle, wohin der Sattel nicht rut-*

---

[22] Hippologische Mittheilungen und Notizen über die Natur, Eigenschaften, Pflege und Verwendung des Pferdes, Friedrich Beck, Wien 1878

―――――――――― Sicherheitssteigbügel ――――――――――

schen soll"[23] und tut damit genau das, was er verhindern soll: *„Er beeinträchtigt gewöhnlich die Bewegung der Schultern"* und *„drückt sehr leicht auf den Widerrist"*.[24]

Wenn also eine Vorrichtung benötigt wird, den Sattel am Vorrutschen zu hindern, so ist ein Schweifriemen dem Vorgurt vorzuziehen.

Sicherheitssteigbügel

Der Korbbügel zur Absicherung des Reiters gegen ein Hängenbleiben im Bügel ist zwar längst auf dem Markt, wird aber immer noch von vielen Reitern abgelehnt oder verlacht. Er gilt auch nach wie vor als „neumodische Erfindung", obwohl er schon vor 1878

Ein Schweifriemen bewahrt den Sattel vor dem Verrutschen nach vorn.

Vorsicht mit Schaumstoff!

Ein altes Rezept rät, bei Satteldruck eine Schaumstoffunterlage unter den Sattel zu legen, in die man ein Loch in der Größe der Druckstellen schneidet. Aber erstens verrutscht das Ding fast immer, so daß kein wirklicher Schutz besteht, und zweitens ist Schaumstoff nicht atmungsaktiv, sorgt also für Stauwärme auf dem Pferderücken und begünstigt damit neue Druckstellen. Besser ist es natürlich, wenn Druckstellen durch einen passenden Sattel und schonende Reitweise überhaupt erst vermieden werden.

in einer Sattlerzeitung beschrieben und empfohlen wurde. *„Wenn man in Erwägung zieht, dass die bei uns allgemein im Gebrauch stehenden Steigbügel ihrer Form wegen nicht blos dem Anfänger das Reitenlernen sehr erschweren, sondern häufig auch schon die Ursache waren, dass sogar geübte*

Sichere Steigbügel

---

23 L. von Hendebrand und der Lasa, Das Pferd des Infanterie-Offiziers, Leipzig 1878

24 L. von Hendebrand und der Lasa, Das Pferd des Infanterie-Offiziers, Leipzig 1878

Reiten und Fahren

Reiter auf eine entsetzliche Weise verunglückten, so lässt sich kaum begreifen, wie diese mörderischen Fangeisen noch länger fortbestehen können, und wie es möglich ist, dass sie nicht schon längst durch zweckmäßigere Formen ersetzt wurden." [25]

Im übrigen bieten die heute unter der Bezeichnung „Korbbügel" oder „Camarque-Steigbügel" verkauften Modelle nicht nur mehr Sicherheit, sondern auch mehr Komfort. Die größere Auflagefläche für den Fuß schützt vor Überdehnung der Sehnen. Jeder Reiter, der bei längeren Ritten unter Schmerzen im Fußgelenk leidet, sollte deshalb einen Versuch damit wagen!

Abgestoßene Haarspitzen

Viele Pferde neigen besonders zu Zeiten des Fellwechsels zu abgestoßenen Haarspitzen in der Sattellage. Das kann sich bis zu einem Satteldruck entwickeln. Abhilfe schafft ein Rehfell als Sattelunterlage. Die Felle sind allerdings zu klein, um als alleinige Satteldecke Verwendung zu finden. Man legt sie folglich unter die sonst benutzte Decke.

Weiterhin ist beim Gebrauch von Rehfellen zu beachten, daß sie schnell scheuern, wenn sie schweißverklebt sind. Sie müssen deshalb häufig ge-

---

[25] Zitiert nach: Hippologische Mittheilungen und Notizen über die Natur, Eigenschaften, Pflege und Verwendung des Pferdes, Friedrich Beck, Wien 1878

waschen und anschließend wieder weichgeknetet werden.

Schutz vor Druck

Bei Pferden, die zu Sattel- und Gurtdruck neigen, empfiehlt sich eine Satteldecke und/oder ein Gurtschoner aus Schaffell.

Der alte Stallmeister legte ihnen aber auch gern einen Woilach auf, nach wie vor eine der besten Möglichkeiten, den Pferderücken abzupolstern. Der Woilach ist eine große Wolldecke, die in zwölf Schichten zwischen Sattel und Pferd liegt. Sie wird zunächst in der Mitte gefaltet, danach wie die Zeichnungen (rechts oben) zeigen.

Schweißlösend

Wenn Sie das Kopfstück Ihres Pferdes vor der Lederreinigung auseinandergeschnallt haben, legen Sie zunächst alle Teile in einen Eimer mit lauwarmem Wasser und einem Schuß Salmiakgeist. Der Salmiak löst den angetrockneten Pferdeschweiß und erleichtert so die Reinigung des Leders.

Trocknen an der Luft

Viele Reiter sparen beim Reinigen ihres Sattelzeugs mit Wasser, weil sie meinen, das Leder würde dadurch hart. Tatsächlich wird das jedoch durch die Verwendung hochwertiger

Lederpflege

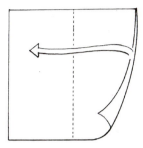

So wird ein Woilach als Sattelunterlage richtig gefaltet.

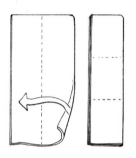
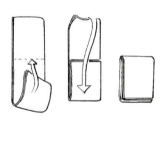

Links:
Leder muß an der Luft, doch nicht in der prallen Sonne getrocknet werden.

Ordentlich aufgehängtes Lederzeug gehört mit zur Pflege.

Reiten und Fahren

Sattelseife sowie durch sachgemäßes Trocknen vermieden. Das Leder wird nach der Reinigung mit einem Lappen abgewischt und an der Luft getrocknet. Auf keinen Fall hängt man es dazu an die Heizung oder in die pralle Sonne.

Richtig fetten

Gerade wenn Sie oft draußen reiten, Sattel und Zäumung also durch Regen und Sonneneinstrahlung stark beansprucht werden, sollten Sie auf keinen Fall am Lederfett sparen. Für Ihr Sattelzeug müssen grundsätzlich säurefreie, tierische Fette verwendet werden. Pflanzliche Fette verharzen und machen das Leder brüchig. Das ideale Lederöl ist Nerzöl. Ist man viel im Regen unterwegs und hat das Gefühl, die Zügel würden gar nicht mehr weich, so kann man sie auch mal über Nacht in Lederöl einlegen. Speziell gegen brüchiges Leder hilft auch mehrmaliges Einfetten mit Ballistol-Öl.
Übrigens bleibt das Leder geschmeidiger, wenn Sie es nach dem Waschen nicht ganz trocken werden lassen, bevor Sie es einfetten. Natürlich darf es nicht mehr naß sein, aber doch noch etwas klamm.
Das überflüssige Fett wird dann mit einem Wollappen abgewischt.

Lederfett selbst gemischt

Lederfett pflegte der alte Stallmeister sich selbst anzumischen. Ein Rezept

Der alte Stallmeister hatte für jedes Leder sein Geheimrezept.

von 1895 riet zu einer Mischung von 70 Gramm fein geschabtem Wachs und 35 Gramm Kienöl, die man durch Erhitzen miteinander verband. Je nachdem, ob das Leder schwarz oder braun war, mischte man etwas Ruß oder eine kleine Messerspitze Terra di Siena unter die Creme.

Leder individuell behandeln

- **Weißes Leder** behandelte der alte Stallmeister mit einer Mischung aus weißem Pfeifenthon (500 Gramm), pulverisierter Kreide (50 Gramm) und weißem Wachs, um die Farbe

Hausmittel zur Lederpflege

zu erhalten. Diese Ingredienzien wurden unter Rühren in 3/4 Liter Wasser gekocht, bis das Wasser vollständig verdampft war. Dann drehte man aus der Mischung kleine Kugeln, mit denen man das Leder einrieb.
- **Lackleder** an Fahrgeschirren frischte man auf, indem man es mit ungesalzener Butter und pulverisierter Kreide einrieb. Danach polierte man es zuerst mit einem trockenen, wollenen Lappen und anschließend mit einem alten, seidenen Tuch.[26]

---
26 Alle Rezepte aus: Wrangel, Graf v.: Das Buch vom Pferde, Stuttgart 1895

Der korrekt gefaltete Woilach auf dem Pferderücken

- Die **Wildlederteile** am Sattel säubert man am besten mit Waschbenzin. Nimmt man einfach Sattelseife, werden sie speckig und verlieren ihre haltgebende Wirkung. Beim Fetten spart man sie selbstverständlich aus und behandelt auch die angrenzenden Teile nur bis auf Fingerbreite an das Wildleder heran.

Speckige Wildlederteile

Wenn Wildlederteile speckig sind, kann man dem mit einer aufwendigen, aber wirksamen Reinigungsprozedur abhelfen. Füllen Sie eine halbe Tasse Schlämmkreide mit Waschbenzin auf, und verrühren Sie das Ganze zu einem Brei. Den streichen Sie messerrückendick auf die Wildlederteile und lassen

ihn antrocknen. Dann die Kreide abbürsten und das saubere Leder mit feinem Sandpapier vorsichtig anschmirgeln.

Lederzeug richtig aufbewahren

Optimal zur Unterbringung von Sattelzeug ist ein kühler, belüftbarer Raum mit schwacher Heizquelle. Leider gibt es so etwas in modernen Ställen kaum noch. Viele Reiter nehmen ihren Sattel deshalb mit nach Hause und bewahren ihn im Keller oder Hausflur auf, manche sogar in der Wohnung. Für das Leder ist das sicher hervorragend, aber mit der Gewöhnung an den Geruch des Lederfetts und des trocknenden Sattels haben besonders Nichtreiter mitunter Schwierigkeiten.
Wenn Sattelzeug längere Zeit ungebraucht aufbewahrt werden soll, wird es zunächst gereinigt und dann mit einer Schicht Vaseline überzogen. Um es vor Staub zu schützen, deckt man es ab.

Farbe konservieren

Zu Zeiten des alten Stallmeisters galt es als Geheimtip, neue Sättel und Zäume mit einer halben Zitrone einzureiben. Das sollte die Farbe des Leders erhalten. Ob dieser Tip von 1895 aber heute noch anwendbar ist, hängt sicher sehr davon ab, ob der Sattel mit Naturstoffen oder Chemie gefärbt wurde. Um unangenehme Überraschungen zu vermeiden, ist es sicher ratsam, das Rezept zunächst an einer kleinen, versteckten Stelle des Sattels auszuprobieren.

Drückende Reitstiefel

Wenn Lederreitstiefel drücken, betupft man sie an den entsprechenden Stellen mit Aceton, dem man wenige Tropfen Rizinus- oder Löderöl zugesetzt hat. Dabei muß man den Stiefel am Fuß haben und die drückende Stelle bewegen.

Rizinusöl gegen Druckstellen

Glanz für Lederstiefel

Was der alte Stallmeister mit Geduld und Spucke anstrebte, erreichen moderne Turnierreiter mit einer Damenstrumpfhose: Polieren mit Seidenstrümpfen gibt Lederstiefeln den letzten Pfiff.
Früher versuchte man besonderen Glanz durch Polieren mit der flachen Seite einer Glasscherbe zu erreichen.

Saubere Sattelgurte

Flambierte Schuhcreme

Schuhcreme zur Stiefelpflege zieht besser ein, wenn man sie vor dem Auftragen erhitzt. Oft wird sie dazu in der Dose angezündet.

Metallteile pflegen

Sehr verschmutzte Gebisse und andere Metallteile werden wieder sauber, wenn man sie in Essigreiniger einweicht.

Schon zu Zeiten des alten Stallmeisters waren hochwertige Sättel mit Sicherheitsaufhängungen für den Steigbügelriemen versehen. Die entsprechenden Federn sollen sich öffnen, falls der Reiter im Bügel hängenbleibt. Es gehörte zu den Aufgaben der Pferdeknechte, diese Federn regelmäßig zu prüfen und zu ölen, damit sie betriebsbereit blieben. Das ist auch heute noch eine wichtige Aufgabe bei der Pflege des Sattelzeugs.

Saubere Sattelgurte

Durch den Zusatz von Essig ins Waschwasser bleiben Sattelgurte weich und

Weiße Sattelgurte sehen schick aus, brauchen aber Spezialpflege.

flexibel. Sehr bewährt haben sich allerdings auch Gurtschoner aus Fell oder Kunstfell. Sie halten den Gurt länger sauber und verhindern, daß sich beim Reiten Schmutz im Schnurgurt festsetzt und dann Scheuerstellen verursacht. Außerdem können sie schnell gewechselt und ausgewaschen werden, so daß man das Pferd am Tag

Auch Sicherheitsvorrichtungen wollen gepflegt sein.

nach einem Ritt im Regen nicht mit einem noch nassen, klammen oder gar schmutzverkrusteten Schnurgurt belästigen muß.

Weiße Sattelgurte pflegte der Stallbursche 1895 zunächst gründlich zu waschen. Danach rieb man sie mit weißem Pfeifenton ein, wobei die Behandlung in halbtrockenem Zustand erfolgte. Nach dem Trocknen wurde dann der überschüssige Ton durch Bürsten entfernt.

Sitz wie angeklebt

Bei der kaiserlichen Kavallerie trugen die Offiziere Hirschlederreithosen. Wenn sie nun ein Pferd zu reiten hatten, von dem sie wußten, daß es seinen Reiter gern absetzte, ließen sie sich die Hosen auf der ganzen Reitfläche anfeuchten. Das festigte die Haftung der Hose am Sattel und damit den Sitz des Reiters.

Ähnlicher Tricks bedient man sich übrigens bei modernen Kamelrennen in den Vereinigten Arabischen Emiraten. Die Jockeys – oft kleine Jungen – erlangen mit Hilfe von Klettverschlüssen einen sichereren Sitz im Kamelsattel.

Das Leder an Reithosen bleibt geschmeidig, wenn man es nach dem Waschen mit Hautcreme einreibt. Zeitaufwendig aber dafür wirksam ist es, wenn man das noch feuchte Leder knetet und an der Luft trocknen läßt. Auf keinen Fall darf es zum Trocknen in der Sonne liegen!

Schuld war nur der Hosenträger

Die meisten alten Stallmeister waren Kavallerieausbilder, und wenn sich einer ihrer Schüler einen 'Wolf' ritt, so war der Mann arbeitsunfähig. Um dies möglichst zu vermeiden, interessierte man sich sehr für die richtige Reitbekleidung und kontrollierte sie mitunter mittels hochnotpeinlicher Inspektionen:

„Statt daß die Beinkleider ihren Hauptruhe- und Anhaltspunkt auf der Hüfte finden, und dann dem Oberleib jede mögliche Bewegung erlauben, ist man nun genöthigt, sie durch den Hosenträger in den Spalt hinaufzuziehen. Dadurch fällt aber der Tragpunkt auf Schulter und Brust. ... Dem festgespannten, unelastischen Hosenträger verdanken wir vielfach die schwerfällige Unbeweglichkeit unserer Leute ..."[2]

„Unterhosen, welche durch ihren Sitz nicht zeigen, daß sie auf die Dauer genügend Spannung haben, um vor dem Durchreiten zu schützen, sind durchaus nicht beim Reiten zu dulden. Durch häufige Revision in der Reitstunde ist diese Hosenangelegenheit in Ordnung zu halten."[3]

2 Krane, Fr. v.: Anleitung zum Ertheilen eines systematischen Unterrichts in der Soldatenreiterei, Berlin 1867, S. 23

3 Krane, Fr. v.: Anleitung zum Ertheilen eines systematischen Unterrichts in der Soldatenreiterei, Berlin 1867, S. 24

Tip für Allwetterreiter

Wer sein Pferd auch bei Dauerregen täglich im Gelände bewegen muß, wird für den folgenden Tip einer Freizeitreiterin dankbar sein. Sie schützt ihre Hände bei Kälte und Nässe durch Wollhandschuhe, über die sie Gummihandschuhe zieht! Das sichert auch den Griff am nassen und glitschigen Zügel und ermöglicht eine feinfühligere Zügelführung als extrem dicke Reithandschuhe mit Futter. Zum Dressurreiten oder anderen, komplizierteren Lektionen ist diese Ausrüstung natürlich trotzdem nicht empfehlenswert, aber wer betreibt im Platzregen schon anderes als gleichmäßiges Reiten am langen Zügel?

Kein Eis ins Maul!

Verständlicherweise hassen es Pferde, wenn man ihnen an kalten Wintertagen eiskalte Metallgebisse ins Maul schiebt. Man kann das vermeiden, indem man die Kopfstücke entweder zu Haus in geheizten Räumen aufbewahrt oder die Mundstücke vor dem Aufzäumen kurz in warmes Wasser hält.

Viele Freizeitreiter umgehen das Problem auch, indem sie ihre Pferde rechtzeitig an Gummitrensen oder gebißlose Zäumungen gewöhnen. Die Zügelführung ist damit zwar nicht so präzise wie mit Stangen- oder Trensenzäumungen, aber die leichten Zäumungen schützen die Pferde andererseits auch vor ungeschicktem Zügelhantieren mit klammen, behandschuhten Händen

Umgang mit jungen und alten Pferden

Keine Lust zur Liebe?

Wenn eine Stute nicht rossig wurde, schickte der alte Stallmeister sie auf die Weide. Sonnenschein und die Inhaltsstoffe von frischem Gras regen die Hormone nämlich an, und unsere modernen Solarien sind nur ein schwacher Ersatz für das Flair des Frühlings. Auch Karottenzufütterung (Vitamin A) ist hilfreich, aber kein Patentrezept. Das beste Aphrodisiakum für Stuten ist immer noch die Anwesenheit eines Hengstes! Bei Bedeckungen im Freisprung auf der Weide werden über 90 % aller Stuten tragend, beim Decken an der Hand ist die Erfolgsrate viel geringer.

Potenzerhaltung

Überlasteten Hengsten mischte der alte Stallmeister täglich rohe Eier unter das Futter, um die Potenz zu erhalten.

Zuchtalter

Früher Zuchteinsatz ist sicher im Interesse des Geldbeutels des Züchters, aber nicht in dem des Pferdes. In alten K.u.K.-Gestüten hatte man Zeit zu warten und tat das auch:
„Gewöhnlich läßt man einen Hengst mit dem vollendeten 4. oder 5. Jahre anfangen zu beschälen. Ein guter Hengst kann bei richtiger Behandlung

---

Liebeszauber mit langohrigen Folgen

Eselhengsten wird nicht nur eine größere Potenz nachgesagt als Pferden, nein, die Grautiere gelten in südlichen Ländern auch als Träger diverser Liebeszauber. So ist wohl schon so mancher spanische Esel dem Aberglauben zum Opfer gefallen, das heimliche Verfüttern seiner Ohren an eine Geliebte sichere das Glück mit ihr. Harmloser für den betroffenen Vierbeiner war dagegen die mittelalterliche Vorstellung, eine Liebessehnsucht würde sich erfüllen, wenn man sie nur einem der friedlichen Grautiere ins Ohr flüstere.

Tatsächlichen Einfluß nimmt der Esel allerdings nur auf das Liebesgeschehen, wenn man ihn mit einer Stute – sei es Pferd, Zebra oder Eselin – allein läßt. Insbesondere Pferdedamen verfallen dem Charme des Langohrs schnell und ein paar Monate später ist dann das Maultierfohlen da. Eselstuten zögern dagegen deutlich länger, bevor sie einem Pferdehengst ihre Gunst schenken.

Die Zucht

Die natürliche Art der Annäherung

Sitten wie im alten Rom!
Columella, ein römischer Landwirtschaftslehrer im 1. Jahrhundert unserer Zeitrechnung, berichtet von außergewöhnlicher Liebesglut bei Stuten sowie recht befremdlicher Möglichkeiten, Fohlen zu zeugen:
„Es muß in der genannten Jahreszeit also unbedingt dafür gesorgt werden, daß man so Stuten wie Hengsten, ..., die Begattung ermöglicht, denn gerade das Pferd wird, wenn man sie ihm verweigert, besonders stark vom Rasen des Geschlechtstriebes aufgepeitscht ... In manchen Gegenden brennen bekanntlich die Stuten von so heißer Glut, sich begatten zu lassen, daß sie sogar ohne Hengst in unablässiger übersteigerter Sinnengier sich selbst den Liebesgenuß einbilden und wie die Hausvögel sich durch den Wind befruchten zu lassen ... Es ist ja auch ganz bekannt, daß auf einem heiligen Berge in Spanien, der nach Westen in den Ozean vorstößt, Stuten oft ohne Beschälung trächtig geworden sind und ihre Frucht aufgezogen haben ..."[4]

---
[4] Columella: Über Landwirtschaft, Lehr- und Handbuch der gesamten Acker- und Viehwirtschaft aus dem 1. Jahrh. u. Z., Berlin 1976, S. 211/212

Junge und alte Pferde

bis in sein zwanzigstes Jahr als Vaterpferd dienen, in einzelnen Fällen auch bis in noch höheres Alter, ohne dass dadurch seine Fruchtbarkeit sehr wesentlich abnimmt ... Die weiblichen Thiere scheinen früher mannbar zu werden und zum Zeugungsgeschäfte geschickt zu sein, als die männlichen, und können daher schon früher zur Begattung zugelassen werden. Doch schadet ein allzufrühes Zulassen und Trächtigwerden ihrem Wuchse weit mehr als dem männlichen Thiere. Mit dem vollendeten 3. oder 4. Jahre kann man die junge Stute zur Begattung zulassen und sehr viele können bis in ihr zwanzigstes Jahr und länger zur Zucht dienen." [27]

Nur jedes zweite Jahr

„Sehr vortheilhaft soll es für eine kräftige Nachzucht sein, die Stuten nur alle zweites Jahr zum Hengst zu lassen." [28] Diese Erfahrung machte man in Österreichischen Staatsgestüten und sie deckt sich mit den Beobachtungen aus freier Wildbahn. Da kommt es sehr häufig vor, daß die Stute nur alle zwei Jahre tragend wird. Aus der Sicht des Freizeitreiters kommt hier aber noch etwas anderes hinzu: Wenn Sie Ihre Stute nicht ausschließlich zur Zucht verwenden, sondern auch reiten wollen, bleibt zwischen den Fohlen nie genug Zeit, sie intensiv auszubilden und am Muskelaufbau zu arbeiten. Das Reitvergnügen bleibt fast zwangsläufig auf der Strecke. Wird das Pferd aber nur alle zwei Jahre oder noch seltener gedeckt, so behält es seine Kondition zumindest ansatzweise, und das Reiten zwischendurch macht mehr Spaß.

Über ein gesundes Fohlen freute sich der Stallmeister besonders.

---

27 Oeynhausen, B. von: Der Pferdeliebhaber, Wien 1865, S. 265/266

28 Oeynhausen, B. von: Der Pferdeliebhaber, Wien 1865, S. 266

—— Imprint-Methode ——

Imprint 1904

Heißumstritten ist heute die sogenannte „Imprint-Methode", mittels derer man Fohlen direkt nach der Geburt auf den Menschen prägen kann. Auch das hatte man allerdings schon zur Zeit des alten Stallmeisters:
„Schon gleich nach der Geburt eines Füllens, sobald es eben stehen kann, muß man versuchen, das junge Tier an den Menschen zu gewöhnen. Zuerst erhält es einen Namen, und man versuche, durch öfteres Anrufen, es an denselben zu gewöhnen; sodann hebe man die Füße abwechselnd auf und suche durch Streicheln und Liebkosungen das Zutrauen des kleinen Tie-

Schüchterne Hengste

Mitte des 19. Jahrhunderts kam die Sitte auf, Pferde an der Hand decken zu lassen, und der alte Stallmeister fand das eine praktische Angelegenheit. Schließlich hatte man dabei mehr Kontrolle über das Zuchtgeschehen, und ein Beschäler konnte mehr Stuten ‚bedienen'. Die Hengste teilten diese Begeisterung ihrer Wärter allerdings nicht immer:
„Mancher junge Hengst ist so furchtsam, man kann sagen verschämt, dass er in Gegenwart von Menschen durchaus nicht zu bewegen ist, eine Stute zu bespringen; man hat alsdann einen solchen mit einer recht willigen Stute in einem abgesonderten Raume allein eingesperrt und ihn unbemerkt beobachtet. Der Begattungsakt wurde dann alsbald vollzogen und der junge Hengst hatte seine Furcht für immer verloren."[5]
Was die anschließende Schlußfolgerung betrifft, so mag sie eher auf die Schüchternheit des Stallmeisters, denn auf die der Pferde zurückzuführen sein:
„Der Akt selbst muss so still und ruhig vollzogen werden, als nur möglich; denn die Natur liebt in ihren Arbeiten, besonders beim Zeugen, Verborgenheit."[6]

---

5 Oeynhausen, B. von: Der Pferdeliebhaber, Wien 1865, S. 237

6 Oeynhausen, B. von: Der Pferdeliebhaber, Wien 1865, S. 237

res zu gewinnen. Nach und nach fängt man dann an, beim Aufheben der Füße die kleinen Hufe mit einem leichten, breiten Stück Holz zu bearbeiten und zwar in ähnlicher Weise, als später der Schmied beim Ausschneiden und Beschlagen macht."[29]

„Auch auf der Weide soll man es nie unterlassen, Mutter und Füllen zu sich zu locken, um sie zu streicheln und zu liebkosen."[30]

Wird es ein Junge?

Es stimmt nicht, daß Hengstfohlen sich im Mutterleib mehr bewegen als Stutchen und man somit aus eifrigem Strampeln auf zu erwartenden männlichen Nachwuchs schließen kann. Beobachtet man aber, daß eine Stute sich zwischen dem dritten und fünften Trächtigkeitsmonat auffällig um eine rossende Stallgefährtin bemüht und bei dieser sogar aufspringt, ist es recht wahrscheinlich, daß sie ein Hengstfohlen trägt. Hundertprozentig sicher kann man hier aber nicht sein. Mitunter spielen die Hormone auch bei Stuten verrückt, die ein Stutfohlen erwarten.

Enger Kontakt zum Menschen stärkt das Vertrauen.

---

[29] W. Capobus: Die Geheimlehre, wie man mit Untugenden behaftete Pferde als da sind Beißer, Scheuer, Durchgänger usw. wieder zu brauchbaren Tieren machen kann, Büsum 1904, S. 23

[30] W. Capobus: Die Geheimlehre, wie man mit Untugenden behaftete Pferde als da sind Beißer, Scheuer, Durchgänger usw. wieder zu brauchbaren Tieren machen kann, Büsum 1904, S. 25

Geschlecht nach Plan
Altrömische Landwirte waren fest davon überzeugt, das Geschlecht beliebig beeinflussen zu können, wenn sie sich nur etwas Mühe gaben. Während man in der Schafzucht Nord- oder Südwind abwartete, um Widder oder Mutterlämmer zu erzeugen, ging die Prozedur in der Pferdezucht auf Kosten des Deckhengstes:
„Ob ein männliches oder weibli-

ches Fohlen gezeugt wird, kann man, wie Demokrit versichert, beeinflussen; er hat die Anweisung gegeben, man solle, um ein männliches zu bekommen, den linken, für ein weibliches den rechten Hoden des Deckhengstes mit einer leinenen Schnur oder sonstwie abbinden, und er meint, daß sich das Gleiche bei fast allen Tieren machen lasse."[7]

---

[7] Columella: Über Landwirtschaft, Lehr- und Handbuch der gesamten Acker- und Viehwirtschaft aus dem 1. Jahrh. u. Z., Berlin 1976, S. 213

Erstes Hufeausschneiden

Niemals dürfen Fohlen bei der ersten Hufkorrektur angebunden werden! Widersetzliche Fohlen werden in einer gut mit Stroh gepolsterten Box an die Wand gedrückt, wobei ein Helfer den Kopf hält und beruhigend auf das Tier einspricht, ein weiterer den Schweif hochhält und das Fohlen damit zwingt stehenzubleiben. Das Fohlen findet Halt an der Wand, und der Schmied kann die Hufe ausschneiden und raspeln.

Natürlich zeugt es von sehr unsachgemäßem Umgang mit Fohlen, wenn eine solche Zwangsmaßnahme nötig ist. Erfahrene Fohlenaufzüchter heben schon in den ersten Lebenstagen die Hufe des Fohlens und gewöhnen es daran, sie zwanglos herzugeben. Wenn dann ein vertrauter Pfleger dabei ist und ein Helfer Leckerbissen reicht, verläuft das erste Ausschneiden undramatisch für Fohlen und Schmied.

Konzentration

Junge Pferde haben viele Schwächen, die auch Menschenkindern eigen sind. Sie sind verspielt und bewegungsfreudig, an allem interessiert, aber konzentrationsschwach. Ein vernünftiger Ausbilder wird darauf Rücksicht nehmen und ein junges Pferd nie länger als zehn bis zwanzig Minuten am Stück arbeiten.

Das war schon den alten Meistern geläufig. Longen- und Anbindemarathons, wie man sie heute immer wieder beobachten kann, kamen in den Reitschulen Guérinières und anderer nicht vor. Guérinière empfiehlt, ein Pferd nicht länger als drei oder vier Runden an der Longe laufen zu lassen, bevor man die Hand wechselt:

„Hat das Pferd drei- bis viermal auf einer Hand herum gelaufen, und gehorchet, so läßt man es stillhalten und schmeichelt ihm ... Nachdem man es hat verschnauben lassen, läßt man es auf der anderen Hand traben und beobachtet dabei das nämliche ... Starke und oft wiederholte Schläge bringen ein Pferd zur Verzweiflung, machen es lasterhaft, zum Feind des Menschen und der Reitbahn, und berauben es jener Zierlichkeit, die niemals wieder kommt, wenn sie einmal verloren ist.

Junge und alte Pferde

Ein willkommener Ausgleich ist das Ausreiten mit dem jungen Pferd an der Hand.

Aus demselbigen Grunde darf man es auch nicht zu lange Traben lassen, denn dies ermüdet das Pferd und macht es verdrüßlich; vielmehr muß man es mit derselben Munterkeit, mit der es aus dem Stall kam, wieder in denselben zurückschicken." [31]

---

31 Guérinière: Reitkunst oder gründliche Anweisung (Reprint 1989), S. 173

Reflexe
„Der Schmied strafte das Pferd nur für die mutwilligen Bewegungen; unvermeidliche Reflexbewegungen sah er ihm nach."
Das bemerkte der Psychoanalytiker Sandor Ferenczi, nachdem er 1912 der Zähmung eines Pferdes durch den legendären Hufschmied Joseph Ezer beigewohnt hatte, und traf damit eine wichtige Erkenntnis. Die Unterscheidung in gezielte Wehrhaftigkeit und reflexbedingten Widerstand sollte sich jeder zu eigen machen, der mit Pferden arbeitet. Insbesondere junge Pferde werden

Anreiten

nämlich sehr häufig dafür bestraft, daß sie kitzelig und schreckhaft sind und das, was man von ihnen verlangt, körperlich und geistig noch nicht leisten können. Ein Beispiel dafür ist das reflexhafte Ausschlagen ganz junger Fohlen bei Berührung ihrer Hinterbeine, bei dem keine böse Absicht von Seiten des Fohlens vorliegt. Auch die gewaltsame Gewöhnung ans Angebundensein und zu frühes und zu langes Longieren in ausgebundenem Zustand gehören in diese Kategorie.

Ungerecht erfolgte Strafen, deren Sinn das Tier nicht einsieht, verschlechtern das Klima zwischen Pferd und Reiter/Pfleger/Ausbilder und lassen die Bereitschaft zu echtem Widerstand erst heranreifen.

Wenn man ein junges Pferd zum ersten Mal besteigt, tut man das am besten auf tiefem Boden, zum Beispiel auf Sandboden oder einem frisch gepflügten Acker. Das macht dem Pferd einerseits das Buckeln schwerer und läßt den Reiter andererseits weich fallen, wenn das Pferd sich doch entschließt, ihn lieber nicht zu dulden.

Dieser Hinweis stammt übrigens nicht vom alten Stallmeister, sondern aus der Trickkiste der Indianer. Sie stellten das Pferd zum ersten Aufsteigen meist in einen Fluß oder See.

Zahnschmerzen

Wenn ein 3 $^{1}/_{2}$jähriges Pferd ungern die Trense annimmt und darauf schlecht geht, kann das am Zahnwechsel lie-

Im Fluß kann das Pferd nicht buckeln.

Junge und alte Pferde

Absetzer läßt man am besten im Herdenverband heranwachsen.

gen. Die Pferde wechseln in diesem Alter die Mittelzähne und die dritten Backenzähne (hintere Prämolaren). Sie leiden unter Kauschwierigkeiten

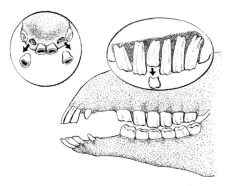

Wenn die Zähne hier schmerzen, wird die Trense unangenehm.

und mitunter an Zahnschmerzen, die durch die Trenseneinwirkung noch verstärkt werden.
Wenn man sein Pferd in diesem Alter schon reiten will, kann man sich mit einer gebißlosen Zäumung über diese Zeit hinweg helfen. Besser ist es aber, das Pferd erst nach dem Zahnwechsel unter den Sattel zu nehmen.

Dressur mit jungen Pferden

„Eine Reitdressur, welche in zu jugendlichem Alter des Pferdes begonnen und fortgesetzt wird, führt nie oder doch höchst selten zu einem günstigen Erfolge. Wenngleich häufig ganz junge Pferde im Aeussern kräftig scheinen und durch ihr jugendliches Feuer veranlaßt werden, sehr bereitwillig fortzueilen …, so ist ihr Gang auf die Dauer unter der Last und den Einwirkun-

Dressur mit jungen Pferden

gen von Hand und Schenkel des Reiters schlaff, schleppend, oft auch unsicher. Der Rücken ist noch nicht gehörig erstarkt, die Gelenkverbindungen, besonders im Hinterteile, nicht hinlänglich befestigt, den Bändern, Sehnen und Muskeln mangelt Festigkeit ...
Aus diesen Ursachen sind ganz junge Pferde noch nicht im Stande sich in einer zusammengefügten Stellung und in gleichmässiger Bewegung zu erhalten, und können ohne Nachteil für sie zum zweckmäßigen Gebrauch ihres Hinterteils nicht angehalten werden. Hals, Rücken und Kreuz schmerzen dem Pferde sehr bald; Verbiegen, Steifmachen im Halse und im Rücken, Ziehen und Bohren in die Zügel, oder hinter der Hand bleiben, unreiner Gang, allerhand Fehler an den Beinen, Ungehorsam, vielleicht lebenslange Unlust zur Arbeit, mit einem Worte ein verdorbenes und nicht ein dressirtes Pferd sind die Folgen."[32]

Dieselben Beobachtungen wie der Autor dieses Zitats machten Roßärzte schon 1793:

„Es ist zwar eine allgemeine Regel, und die erste Bemühung eines vernünftigen Reiters, ein junges Pferd ins Gleichgewicht zu bringen, d. h. die von Natur

---
[32] Hippologische Mittheilungen und Notizen über die Natur, Eigenschaften, Pflege und Verwendung des Pferdes, Friedrich Beck, Wien 1878

Bodenarbeit gymnastiziert das junge Pferd.

Junge und alte Pferde

dem Vordertheil übermäßig zugetheilte Last des Pferdes zum Theil auf das Hintertheil zu bringen, und dadurch das nöthige Ebenmaas in den Bewegungen zu bewirken. So nützlich diese Bemühungen einem ausgewachsenen vollkommenen Pferde sind, so nachtheilig sind sie dem Fohlen, das noch nicht das vierte Jahr zurückgelegt hat ... Wird ein solches Thier mit Gewalt und Ungestühm bei der Arbeit auf das Hintertheil gesetzt, so kann es nicht anders seyn, es müssen Flußgallen von allen Arten entstehen ... Eben so nachtheilig ist jungen Pferden das Ziehen. Man möchte Blut weinen, wenn man so oft die Bauern zweijährige Fohlen an Holz- und Erntewagen vorspannen siehet ..." [33]

Versammlung

Bei vielen modernen Pferdeausbildern zielt alles darauf, das junge Pferd möglichst schnell dazu zu bringen, in Beizäumung zu arbeiten. Um diese dressurmäßige Haltung zu erreichen, wird kein Hilfszügel und keine Zwangsmaßnahme gescheut. Das Ergebnis sind dann oft Pferde, die zwar den Hals rund machen, aber nichtsdestotrotz auf der Vorhand laufen und alles andere als einen eleganten und stolzen Eindruck erwecken. Die Altmeister der Reiterei

Dem versammelten Reiten müssen entspannte Phasen folgen, in denen sich das Pferd dehnen kann.

hatten es dagegen gar nicht so eilig mit der Versammlung. So sagt Guérinière zu den ersten Trablektionen beim eben angerittenen Pferd:

„Bei diesem ersten Unterricht im Trabe darf man weder den Endzweck haben, dem Pferde ein gutes Maul zu machen, noch einen Kopf in eine stäte Stellung zu bringen. Hiermit muß man warten, bis es entbunden ist und die Leichtigkeit erlangt hat, sich ohne Mühe auf beiden Händen zu wenden." [34]

---

[33] Busch, Dr., J. D.: Von den Flußgallen und der besten Heilart derselben, Archiv für Roßärzte und Pferdeliebhaber, 3. Band, Marburg 1793

[34] Guérinière: Reitkunst oder gründliche Anweisung (Reprint 1989), S. 176

Händlertricks

Weiter führt er aus, daß man junge Pferde *niemals zu stark zusammentreiben, noch zu stark parieren darf.*[35] Auch andere bekannte Ausbilder und Meister der Reitkunst sprechen sich dafür aus, junge Pferde in Ruhe reifen zu lassen, sie nicht zu früh unter den Sattel zu nehmen und das Anreiten und die Dressurarbeit langsam und sorgfältig angehen zu lassen. Besonders schön drückt Friedrich von Krane diesen Gedanken aus:

„Der Eskadron-Chef, der seine Remonten lieb hat, gebe ihnen vor allem Zeit."[36]

Junge oder alte Pferde?

In einem Ratgeber über Pferdehaltung für Infanterieoffiziere, also Reiter, die nur bei Paraden oder in ihrer Freizeit aufs Pferd kamen, äußert sich der Kavallerist L. von Hendebrand zu einer Frage, die sich auch dem modernen Freizeitreiter oft genug stellt: *„Die*

---

35 Guérinière: Reitkunst oder gründliche Anweisung (Reprint 1989), S. 182

36 v. Krane: Anleitung zur Ausbildung der Kavallerie-Remonten (Reprint 1983), S. 257

Händlertricks rund ums Zahnalter
„Mit dem Pferdealter wird der verschiedenartigste Betrug versucht. Beim Fohlen wird oft durch Ausbrechen der Eckfohlenzähne und durch Einschnitte im Zahnfleisch das Erscheinen der Eckpferdezähne und der Durchbruch der Hakenzähne erleichtert und beschleunigt, um die Thiere älter erscheinen zu lassen, weil das ausgebildete Pferd viel höher im Preise steht als das Fohlen; alte Pferde werden durch Absägen der Zähne und künstliche Herstellung der Kunden jünger, gewöhnlich 7jährig gemacht. Diese Manipulation heißt in der Roßtäuschersprache Gitschen, Moilochen oder Machen."[8]
Heute muß man mit solchen Händlertricks vermutlich nicht mehr rechnen, wenn man hierzulande ein Pferd kauft. Pferdehandel ist nicht mehr ertragreich genug, um so aufwendige Manipulationen zu lohnen. Andererseits geht der Trend in der Freizeitreiterszene stark zum Kauf von Pferden aus Ländern mit langer Pferdemarkttradition. Irische Tinker und orientalische Pferdehändler mögen auch heute noch solche und ähnliche Methoden kennen und anwenden. Also Vorsicht! Die sicherste, wenn auch nicht billigste Form des Pferdekaufs ist immer noch die beim seriösen Züchter. Dann genügt zur Altersbestimmung des Pferdes ein Blick in die Papiere!

---

8 L. von Hendebrand und der Lasa, Das Pferd des Infanterie-Offiziers, Leipzig 1878

Junge und alte Pferde

Leidenschaft, junge Pferde zu kaufen, ist entschieden zu verwerfen, weil die Dressur des Thieres zu dem beabsichtigten Gebrauchszweck eine weit schwierigere ist, als man sich gewöhnlich vorstellt, und eine Reitfertigkeit sowie eine Beurtheilung des Pferdes erfordert, welche die Herren der Fußtruppen nur in den seltensten Ausnahmen besitzen. Das Pferd muß einem anderen Reiter zur Dressur übergeben werden, der Besitzer muß während der Zeit auf den eigenen Gebrauch verzichten und schließlich bleibt es noch sehr fraglich, ob das Thier überhaupt trotz der darauf verwendeten Mühe zu dem beabsichtigten Zwecke brauchbar wird." [37]

Belastbarkeit

Der preußische Stabs-Roßarzt bei einem Ulanen-Regiment, Dr. E. Renner, führte in der zweiten Hälfte des 19. Jahrhunderts Buch über den Einsatz und die Belastbarkeit von Pferden verschiedenen Alters. Aus dem Ergebnis, daß sich die Pferde zwischen 7 und 17 Jahren am besten bewährten, resultierte seine Empfehlung, bei Mobilmachungen keine fünfjährigen und jüngeren Pferde auszuheben, wenn die Anzahl der 6 bis 20jährigen genüge. Ein kleineres Pferd sei erst mit dem 6., ein größeres mit dem 7. Jahre wirklich praktisch brauchbar.

Im modernen Distanzsport bestätigen sich die Beobachtungen des alten Kavalleristen. Auch hier sind erwachsene, spät zugerittene Pferde über Jahre hinweg die erfolgreichsten.

„Die Pferde nehmen bis zum vollendeten 6. Jahr an Größe zu, ja manche Racen und Stämme, z. B. die Lippizaner, sind erst im 7. ganz ausgebildet. Das vollständige Abzahnen bedingt noch nicht das Ausgewachsensein." [38]

Wie lange ist ein Pferd ein Fohlen?

Alte Pferdekenner pflegten ein junges Pferd bis zum vollendeten fünften Lebensjahr als Fohlen zu bezeichnen. Solange schonte man es körperlich und brachte seinen kleinen Widersetzlichkeiten Toleranz entgegen. Schon die Bezeichnungen „Fohlen" oder „Remonte" wiesen die Pfleger darauf hin, daß man ein junges, noch unreifes Tier vor sich hatte, während man heute schon von dreijährigen Jungpferden den Ernst des Erwachsenen verlangt. Dabei dürfen wir nicht vergessen, daß ein Pferd auch noch nach dem dritten Lebensjahr wächst. Im Englischen gibt es für den Nachwuchs übrigens spezielle Bezeichnungen: Das bis vierjährige Stütchen heißt „Filly", der kleine Hengst oder Wallach „Colt".

---

[37] L. von Hendebrand und der Lasa, Das Pferd des Infanterie-Offiziers, Leipzig 1878

[38] Hippologische Mittheilungen und Notizen über die Natur, Eigenschaften, Pflege und Verwendung des Pferdes, Friedrich Beck, Wien 1878

Vererbung

„Erfahrungswerte"
Über Vererbung herrschten zu Zeiten des alten Stallmeisters mitunter absonderliche Vorstellungen. Da die Vererbungslehre noch in den Kinderschuhen steckte, verließ man sich auf Beobachtungen und Aberglaube.
Die Idee, eine einmalige Bedeckung durch ein „unwürdiges" Vatertier könnte ein weibliches Zuchttier auf ewig unbrauchbar machen, hält sich unter uninformierten Hundezüchtern übrigens bis heute. In vielen Büchern über Hundezucht wird ausdrücklich darauf hingewiesen, daß ein „Fehltritt" mit einem Mischling den Genen der Rassehündin nicht schadet!

„Erfahrungsgemäß vererbt die Stute auf das Füllen meistens das Hinterteil, das Haar und andere Aeusserlichkeiten, wärend der Hengst Knochenbau, Muskeln, Adern, Sehnen und Vorderteil vererbt ...
Stuten, die einmal vom Esel bedeckt waren, bringen keine guten Füllen mehr, wenn sie später von Pferdehengsten bedeckt werden. Die Füllen behalten die Natur und Eigenschaften des Esels, sie werden stätig, widerspenstig, böse, wild, haben lange Ohren, dünne Hälse, schmale Brust und Kreuz, hohe Füße und Eselshufe. Maultiere und Maulesel sind in der Regel nicht fortpflanzungsfähig, obschon erstere schon im 2. Jahre so begattungslustig sind, dass Maultierhengste castriert werden müssen."[9]

[9] Hippologische Mittheilungen und Notizen über die Natur, Eigenschaften, Pflege und Verwendung des Pferdes, Friedrich Beck, Wien 1878

Tiefe Augengruben

Hat ein Pferd tiefliegende Augen, so kann das durch besonders hohe Augenbogen bedingt sein. Meist spricht es aber dafür, daß man ein eher bejahrtes Pferd vor sich hat, denn mit dem Alter schwindet das Augengrubenfett.
Die Annahme, Pferde mit tiefen Augengruben seien Abkömmlinge alter Hengste, beruht dagegen auf Aberglauben.

Der magische Punkt

Haben Sie schon einmal beobachtet, wie Pferde aufeinander zugehen? Die Tiere fixieren dabei nie ihre Gesichter, sondern nähern sich stets der Schulter ihres Gegenübers. Dieser „Schulterpunkt" hat für Pferde eine wichtige Bedeutung, die ein erfahrener Reiter nicht ignorieren darf. So gebietet es z. B. die „Höflichkeit" unseren vierbeinigen Partnern gegenüber, uns beim Einfangen auf der Weide ebenfalls ihrem

Junge und alte Pferde

Der Schulterpunkt hat große Bedeutung, wenn Pferde unter sich sind.

Der magische Punkt ist auch beim Handpferdereiten von Bedeutung.

Einsatz der Stimme

Schulterbereich zu nähern. Das kann beim Einfangen schwieriger Pferde von entscheidender Bedeutung sein! Auch beim Führen und bei gemeinsamen Ausritten mit anderen spielt der „magische Punkt" eine Rolle. Pferde gehen in freier Wildbahn niemals Kopf an Kopf nebeneinander. Gewöhnlich folgt ein Pferd dem anderen, wobei es, wenn schon nicht hinter dem Schweif, so zumindest hinter der Schulter seines Vorgängers bleibt. Wird dieser Punkt überschritten, so beißt oder schlägt das vorgehende Pferd. Wollen Sie nun mit einem jungen oder unerfahrenen Pferd zu einem anderen Reiter aufschließen und neben ihm reiten, so wird Ihr Pferd eine Abwehrreaktion des Artgenossen erwarten. Es wird folglich dazu neigen, entweder zurückzubleiben, rasch anzuziehen, um möglichst schnell und ungefährdet zu überholen, oder selbst – quasi prophylaktisch! – nach dem anderen Pferd zu schlagen oder zu beißen. Sie können dem vorbeugen, indem Sie am Anfang große Abstände halten, und das Nebeneinanderreiten mit zwei Pferden, die sich kennen, gezielt üben.

Der Einsatz der Stimme
„Ein großer Fehler der ... Pferdewärter oder Abrichter ist es auch, daß sie mit dem Pferd entweder zuviel schwätzen, oder ganz mundfaul sind. Weder das eine noch das andere ist im Umgange mit Pferden anwendbar, da die Stimme des Abrichters in demselben die Hauptrolle spielt."[10]
Die Neigung, entweder zu viel oder zu wenig mit Pferden zu reden, findet sich auch heute noch. Dabei ist das ständige Einreden auf das Pferd häufig ein Zeichen von Furcht vor dem Tier. Schweigen findet sich eher bei Reitern, die möglichst cool wirken wollen und Pferde bevorzugt als Sportgerät ansehen. Beides ist natürlich nicht im Sinne des alten Stallmeisters: *„Oft bemerken wir auch, daß manche Abrichter junger oder böser Pferde sich in ihrem Umgange furchtsam, andere wieder brutal benehmen. Weder das eine noch das andere Benehmen trägt gute Früchte bei der Abrichtung."*[11]
Ein guter Reiter wird sich nie scheuen, seine Stimme zur Beruhigung und Ermutigung des Pferdes einzusetzen. James Fillis gesteht:
„Der Gebrauch der Stimme ist mir oft eine große Hülfe gewesen und hat mich mehr als einmal aus schwieriger Lage befreit."[12]

---

10 Balassa, Constantin: Die Zähmung des Pferdes, Wien 1844, S. 330

11 Balassa, Constantin: Die Zähmung des Pferdes, Wien 1844, S. 331

12 Fillis, James: Grundsätze der Dressur und Reitkunst, Berlin 1896, S. 14

Gewöhnung an die Kandare

„Zu frühes Aufzäumen (Anlegen der Kandare, Anm. der Verf.) – namentlich wenn das junge Pferd dabei in etwas rüde, ungeschickte Hände kommt – ist häufig die Ursache zu allerlei Widersetzlichkeiten, so wie der allgemeine Grund, warum so wenig Pferde, die von Händlern jung und halbgeritten gekauft werden, gut einschlagen."[39]

Diese Feststellungen trafen Reitlehrer und Stallmeister 1878 und früher. Man hatte damals Interesse, die Pferde möglichst früh auf Kandare zu reiten, weil das ein schöneres Bild gab und angenehmer für den Reiter war. Pferdehändler und unseriöse Bereiter schossen dabei aber oft über das Ziel hinaus. Im Gegensatz dazu läuft heute kaum noch ein konventionell gerittenes Pferd Gefahr, zu früh auf Kandare gezäumt zu werden. Im Gegenteil: Da die meisten Reiter sich die Handhabung der zweizügeligen Zäumung nicht zutrauen, gelangen die wenigsten Pferde überhaupt zur Kandarenreife.

Viele Freizeitreiter sollten sich allerdings an Ratschlägen wie dem oben zitierten orientieren, wenn es darum geht, ihre in Anlehnung an die Westernreitweise gerittenen Pferde von der Trense auf die Stangenzäumung umzustellen. Genau wie die Umstellung auf Kandare soll auch hier der Griff zur schärferen Zäumung erst erfolgen, wenn das Pferd auf Trense gut durchgeritten ist und die wichtigsten Lektionen beherrscht. Niemals darf die Stange – oder gar die blanke Kandare! – eingeschnallt werden, weil man das Pferd auf Trense nicht halten kann!

Nichts für Anfänger!

Der alte Stallmeister sagte stets deutlich seine Meinung. Zum Beispiel über Anfänger und ungeübte Reiter auf jungen Pferden:
„Es besteht eine Wuth, besonders bei Privaten, welche schlecht reiten, sich junge Pferde anzuschaffen, sie durch kurze Zeit dressieren zu lassen, und dann selbst zu reiten."[13]
Sie *„sind meistens die Ursache, daß sich diese jungen Pferde allerlei Unarten angewöhnen, weil sie ihnen nicht genug imponieren können; wo doch einem ... jungen Pferde durch lange Zeit, ja durch Jahre, bis zur Befestigung imponiert werden muß."*[14]

---

13 Balassa, Constantin: Die Zähmung des Pferdes, Wien 1844, S. 333

14 Balassa, Constantin: Die Zähmung des Pferdes, Wien 1844, S. 417

---

39 Hippologische Mittheilungen und Notizen über die Natur, Eigenschaften, Pflege und Verwendung des Pferdes, Friedrich Beck, Wien 1878

Heraus aus der Halle!

Erfahrene Bereiter wiesen schon zu Zeiten der Kavallerie darauf hin, daß man sich bei der Ausbildung junger

Ausritte

Durch Ritte im Gelände bekommen Pferde starke Nerven.

Pferde auf keinen Fall auf die Reitbahn beschränken soll:
„Sehr gefehlt wird von vielen Bereitern, wenn sie Pferde, welche wegen ihrer großen Jugend erst nur campagnemäßig geradeaus geritten werden sollen, nur in geschlossenen Reitbahnen dressiren zu müssen wähnen. Solche Pferde sind viel leichter und schneller rittig zu machen, wenn man sie anfangs neben einem ruhigen Pferde, dessen Reiter das zu dressirende Pferd an einem links in den Wischzaum eingeschnallten etwas längern Zügel führt, auf geradem Wege ins Freie reitet. Hierdurch bewirkt man, dass dem rohen Pferde die Reitübung weniger lästig ist als in der eckigen, zwanghaften Reitschule werde; es gewönt sich das junge Pferd an verschiedene Gegenstände, und regt sich in der Regel weniger auf, es erhitzt sich auch nicht so, als es in den vier Wänden der Bahn der Fall ist." [40]

Eine einzige Übung

Die Ausbildung von Remonten war ein wichtiger Bereich im Arbeitsfeld des alten Stallmeisters. Dabei ging es nicht nur darum, die jungen Pferde dienstfähig zu machen, sondern auch Bereiter gezielt zum schonenden Anreiten junger Pferde zu befähigen. Insofern finden sich in der alten Literatur nicht nur Hinweise zum „Wie?", sondern oft auch zum „Warum?".

Verstand ein Ausbilder es nicht, seine Pferde zu motivieren, so fand der alte Stallmeister deutliche Worte: *„Da, wo das Pferd ein Interesse an der Sache hat, genügt in vielen Fällen bereits eine einzige Übung zur Fixierung einer neuen Gewohnheit. Freilich stimmt das Interesse des Pferdes nicht immer mit dem unsrigen überein, und manche Pferde scheinen nur deshalb faul und ungelehrig, weil es der Abrichter nicht versteht, seine Forderungen mit

---
[40] Hippologische Mittheilungen und Notizen über die Natur, Eigenschaften, Pflege und Verwendung des Pferdes, Friedrich Beck, Wien 1878

---── Junge und alte Pferde ──---

Gewöhnen Sie Ihr Pferd frühzeitig an verschiedene Situationen!

den Interessen des Pferdes zu verknüpfen ...
Jeder schlechte Lehrer hat schlechte Schüler."[41]

Rücksicht auf junge Pferde

Dies fordert 1844 der Pferdekenner Constantin Balassa: „*Von vielen wird beim Anreiten des Pferdes keine Rücksicht auf Temperament, Charakter, Kräfte, Jahre oder sonstige Eigenschaften genommen, selbes ohne Unterschied geritten, mit der Biegung und den Wendungen gequält, wo es noch im Geradeausreiten nicht hinlänglich* geübt ist.*"*[42] „*Es werden oft junge, unreife Pferde stundenlang geritten; da sie nun aus Mangel an Kräften dieses nicht ertragen können, so widersetzen sie sich, und nehmen Unarten an.*"[43]
„*Das junge, zarte Pferd muß zwar täglich unter den Reiter kommen, darf aber bis zur Erreichung seiner Kraft nie länger als eine Viertel- oder eine halbe Stunde unter demselben gehen, und besser ist es, dasselbe bei zunehmender Kraft täglich zweimal und kürzere Zeit vorzunehmen, als es einmal des Tages und längere Zeit zu reiten.*"[44]

---
41 Máday, Dr. Stefan v.: Psychologie des Pferdes und der Dressur, Berlin 1912

42 Balassa, Constantin: Die Zähmung des Pferdes, Wien 1844, S. 380

43 Balassa, Constantin: Die Zähmung des Pferdes, Wien 1844, S. 332

44 Balassa, Constantin: Die Zähmung des Pferdes, Wien 1844, S. 380

Richtig rückwärtsrichten

Aus psychologischer Sicht ist dazu noch anzumerken, daß das junge Pferd nicht nur physisch, sondern auch psychisch überfordert ist, wenn es sich länger als etwa zwanzig Minuten auf die Hilfen des Reiters konzentrieren muß. Insbesondere mit der Bahnarbeit darf man es deshalb auf keinen Fall übertreiben!

Passiv bei jungen Pferden!

Wir neigen heute dazu, gleich nach dem ersten Aufsteigen auf das junge Pferd einwirken zu wollen. Bei der Kavallerie lehnte man das ab. Statt dessen wurde der Remontereiter zu einer passiven Haltung ermahnt, und das Pferd wurde so lange unter dem Reiter als Handpferd mitgeführt, bis es *„ohne Rückenanspannung munter fort"*[45] trabte.

Wenn das Kavalleriepferd die Zügelhilfen zum Abwenden lernte, so unterstützte der Reiter das, indem er die Gerte weit vorn an der äußeren Schulter einsetzte. Das Pferd wich dann mit Hals und Schulter der Gerte aus und bog ab.

Richtig rückwärtsrichten

Rückwärtsrichten führten die Reitlehrer der Kavallerie nicht zu früh ein, son-

Anspruchsvolle Dressurlektionen beherrscht ein junges Pferd erst nach einigen Jahren geduldiger Lehrzeit.

dern erst, wenn das Pferd zu erster Versammlung im Schritt und Trab gelangt war. *„Beim richtigen Zurücktreten (Anschluß des Oberarmes, Abrunden der Fäuste, Zurückschieben des Oberkörpers, passive Schenkel) soll ein Vorderfuß sich zuerst erheben und diesem dann der entsprechende Hinterfuß folgen; denn der Fuß, welcher sich zuerst erhebt, entlastet sich auch zuerst, und so erreicht jener also seinen Zweck, die Last vermehrt der Hinterhand zuzuschieben. Diese Lektion wird oft zwischen die bis dahin erlernten einzu-*

---

[45] Krane, Fr. v.: Anleitung zum Ertheilen eines systematischen Unterrichts in der Soldatenreiterei, Berlin 1867, S. 114

schieben sein. Dem Rückwärtsrichten gleich ein langsames Vorgehen (aktive Schenkel, passive Fäuste) folgen zu lassen, bei dem aber das Pferd sich in der Versammlung erhält ... ist lehrreich." [46] Läßt man das Pferd dagegen mit angespanntem Rücken und zu eilig zurücktreten, lernt es dabei, sich der Hergabe des Rückens zu entziehen und sich hinter dem Zügel zu verkriechen. Vorsicht also auch beim Anreiten im Tölt aus dem Rückwärtsrichten, einer Übung, die oft gebraucht wird, um das Gangpferd verstärkt auf die Hinterhand zu bringen. Das Pferd darf auf keinen Fall in angespannter „Tölthaltung" rückwärts gerichtet werden!

Im Zweifelsfall durchsetzen

Wie schon gesagt, sollten junge Pferde immer nur kurze Zeit gearbeitet werden, um ihre Konzentrationsfähigkeit nicht zu überfordern. Kommt es allerdings zu Auseinandersetzungen, so rät der Stallmeister, diese zuerst aus der Welt zu schaffen, bevor die Stunde beendet wird:
„Niemals darf der Unterricht nach einer Widersetzlichkeit unterbrochen und noch weniger beendet werden." [47] Natürlich gehört es zur Kunst der Pferdeausbildung, die Übungsstunde so aufzubauen, daß es möglichst gar

---

46 Freiherr v. Lützow: Dressur des Campagne-Pferdes, Berlin 1867

47 Fillis, James: Grundsätze der Dressur und Reitkunst, Berlin 1896, S. 66

nicht oder zumindest nicht in den letzten fünf Minuten zu Reibereien kommt. In der Regel wird man neue Aufgaben am Anfang der Stunde erarbeiten und gegen Ende der Übungssequenz bereits Gelerntes wiederholen.

Stallmut

Gerade junge Pferde, die gerade von der Aufzuchtweide in die Reitstallbox gekommen sind, leiden häufig unter „Stallmut": in der ersten Häfte der Reitstunde sind sie kaum zu gebrauchen, weil sie ständig versuchen, ihr Bewegungsbedürfnis auszuleben. Die beste Vorbeugung dagegen ist viel Bewegung an der frischen Luft. Der Kavallerist Friedrich von Krane empfahl 1879, die Reitbahn nur als Notbehelf bei schlechtem Wetter zu gebrauchen und sonst auch schon junge, noch in der Ausbildung befindliche Pferde draußen zu reiten. Zum Thema Stallmut sagte er folgendes: *„Das junge Pferd, von Natur aus ein Laufthier, hat man von den 24 Stunden des Tages 23 Stunden an die Kette gelegt. Es kommt mit dem Bedürfnis, sich zu bewegen, in die Bahn. Es achtet dabei nicht auf den Reiter und dessen Hülfen und ergreift jede Gelegenheit zu einem Sprunge oder einer Ungezogenheit ... Bei dieser Faselei, diesem Übermuth ist keine Achtsamkeit, kein Aufmerken zu gewinnen. Man muß erst den Stallmuth besiegen, man muß die Remonten „abtraben", man könnte ebensogut sagen „abtreiben". Hat man in der er-*

Stallmut

Weidegang – das beste Mittel gegen Stallmut

sten Viertelstunde den Stallmuth besiegt und kann nicht eine lange Zeit Schritt reiten, so sind die Thiere athemlos und angegriffen. Für die Dressur in der zweiten Viertelstunde sind sie in dieser Verfassung wenig geeignet.
Es wird der Stallmuth immer einen Theil der Kräfte, welche man zur Dressur hätte verwerthen können, vorweg fortnehmen."[48]
Friedrich von Krane, dem genügend Personal zur Verfügung stand, riet, die Pferde vor der Arbeit beziehungsweise zwischen zwei Arbeitsphasen im Schritt an der Hand bewegen zu lassen oder mit Bodenarbeit zu beschäftigen. In der modernen Pferdehaltung ist ausreichend freier Auslauf sinnvoller. Er ist Körper und Seele des Pferdes sowie der folgenden Dressurarbeit unter dem Reiter erheblich zuträglicher als das häufig zu beobachtende Ablongieren vor dem Reiten. Das macht ein junges Pferd nämlich nicht nur müde und unlustig, sondern ist zudem schädlich für den Bewegungsapparat.

Springausbildung

Viele moderne Reiter sehen das einzige Mittel zur Springausbildung im „Freispringen" über möglichst hohe Hindernisse. James Fillis sah das 1896 noch völlig anders: „Nach meiner Ansicht besteht das beste Mittel, um einem Pferde das Springen beizubrin-

---

[48] v. Krane: Anleitung zur Ausbildung der Kavallerie-Remonten (Reprint 1983), S. 255

Junge und alte Pferde

gen, darin, daß man zunächst eine Stange auf die Erde legt und das Thier über dieselbe im Schritt hinwegschreiten läßt, wobei man es am Zügel führt. Der Reiter ist zu Fuß und überschreitet die Stange gleichzeitig mit dem Pferde. Hat dasselbe gehorcht, so muß man es streicheln und ihm durch Verabfolgen von einigen Rüben Vertrauen einflößen. Man braucht das höchstens zwei- bis dreimal je zehn Minuten lang durchzumachen. Hat das Pferd volles Vertrauen gefaßt, so nimmt man es an die Longe und wiederholt dieselbe Arbeit, wobei man sich jedoch ganz allmählich vom Pferde entfernt. Sobald dasselbe erst über die Stange schreitet, während der Reiter sich mitten in der Bahn aufhält, hebt man diese Stange um dreißig bis vierzig Zentimeter an, und läßt das Pferd, so wie es gerade will, an dieselbe herangehen. Die Hauptsache ist, daß es darüber hinwegspringt."[49]

Die weitere Springausbildung richtet sich dann nach dem Temperament des Pferdes und der Manier, mit der es das Hindernis angeht. Aber: „Bei dieser ganzen Arbeit muß die Springstange stets sehr niedrig gestellt sein, man soll dieselbe nur ganz allmählich höher stellen, und zwar je nach den Fähigkeiten, der Kraft und der leichten Auffassungsgabe des Pferdes. Man muß sich durchaus hüten, die Stange jemals so hoch zu stellen, daß das Pferd zu einem sehr großen Kraftaufwand genöthigt würde, besonders wenn das Thier noch jung ist. Die damit verbundenen Nachtheile würden ja bei alten Pferden nicht ganz so schlimm sein; immerhin muß man sich aber vorsehen, sie nicht abzuschrecken."[50]

Beim Einspringen oder beim Vertrautmachen eines Pferdes mit einem noch ungewohnten Hindernis lasse man es immer in seinem bevorzugten Galopp gehen. Es wird sich dem Hindernis dann freudiger nähern und sicherer springen.

Freigebig belohnen!

„Im Allgemeinen sind wir mit den Belohnungen zu karg, mit den Strafen zu rasch bei der Hand. Wir können von den Kunstreitern und anderen Tierabrichtern lernen, wie weit man durch Verabreichung kleiner Näschereien ... gelangen kann ... Einige Scheiben Mohrrüben kann jeder Mann bei sich führen, ohne daß es ihm Unbequemlichkeit oder Kosten verursacht. Die Wirkungen, welche man durch diese kleinen Ursachen hervorzubringen vermag, sind groß."[51]

Letztlich soll das Belohnen des Pferdes bei der Arbeit dazu führen, daß es nicht nur das Futter, sondern die Betätigung lieben lernt. Ein Pferd, das fürs Springen belohnt wird, wird bald gern sprin-

---

49 Fillis, James: Grundsätze der Dressur und Reitkunst, Berlin 1896, S. 250/1

50 Fillis, James: Grundsätze der Dressur und Reitkunst, Berlin 1896, S. 252

51 Krane, Fr. von: Anleitung zur Ausbildung der Kavallerieremonten, Berlin 1879

Lebenserwartung

Belohnungen dürfen nur in kleinen Mengen gefüttert und vor allem für die Tiere unerreichbar aufbewahrt werden.

gen – und sich mit mehr Umsicht an schwierigere Hindernisse wagen als sein Kollege, der nur aus Angst vor Strafe springt.

Lebenserwartung

Fast traumhaft erscheinen dem modernen Reiter und Pferdehalter die folgenden Bemerkungen zur Lebenserwartung des Reitpferdes:
„Nach den Gesetzen der Natur ist dem Pferde, so wie allen andern Säugetieren, das Siebenfache der Zeit seines Wachsthums als das höchst zu erreichende Lebensalter bemessen; das gemeine Pferd ist mit vier Jahren ausgebildet, das bessere mit fünf, das edle mit sechs Jahren; deshalb erscheinen die Zahlen 28, 35 und 42 als das höchste der Pferdelebensdauer. Wenn man aber auch bedenkt, dass das Pferd als Haustier durchaus nicht in seinem Naturzustande lebte, daß es viele Zeiten seines Lebens in anstrengender Arbeit verbrachte, oftmals ausser Athem gejagd, oft überfüttert, oft dem Nahrungsmangel und der Unterdrückung seiner Triebe ausgesetzt wurde, so wird man es begreiflich finden, dass das Pferd doch höchstens nur bis in das 30. Jahr benützbar bleibt."[52]

Heute, über 100 Jahre später, ist die Lebenserwartung des Warmblüters trotz Fortschritten der Veterinärmedizin auf unter 10 Jahre gesunken.

---

[52] Hippologische Mittheilungen und Notizen über die Natur, Eigenschaften, Pflege und Verwendung des Pferdes, Friedrich Beck, Wien 1878

Von Roßtäuschermethoden und Fehlersehern

Von Roßtäuschermethoden

Ratschläge zum Pferdekauf

*"Willst Du brav und sicher kaufen,
immer gut beritten sein,
Nicht am End zu Fuße laufen,
und den Handel schwer bereu'n,
Kaufe mit Verstand und Muth
Stets nach Race, Kraft und Blut;
Aber Eins, das rath' ich Dir,
Lieb' den Gaul nicht allzuschier,
Sondern sorg' Dich in der Zeit
Erst um seine Brauchbarkeit,
Ob er seines Preises werth,
Und für Dich das rechte Pferd.
Denn ein Pferd, das Dir nicht paßt,
Ist gar sorgenvolle Last!"* [53]

Selbst probieren!

"Es kaufe niemals Jemand ein Pferd, ohne es für seinen Zweck Selbst zu probieren. Auf dieses „Selbst" lege ich einen sehr großen Nachdruck und namentlich der schwächere und unerfahrene Reiter soll dieses nie unterlassen." [54]

Damals wie heute nahm man gern „Experten" mit zum Pferdekauf, und nach wie vor ist es schwer, den richtigen Berater zu finden. Sehr viele erfahrene Reiter haben längst vergessen, worauf es zum Beispiel beim Pferdekauf für einen Anfänger oder ängstlichen Reiter ankommt. Sie wählen das Pferd dann eher danach aus, ob es ihnen gefällt, als ob sein künftiger Besitzer damit klar kommt. Probieren Sie Ihr Pferd also grundsätzlich aus und kaufen Sie nichts zum „Reinwachsen": Sie brauchen kein Pferd, mit dem Sie vielleicht nach fünf weiteren Jahren Dressurunterricht glücklich werden könnten, sondern eines, daß Ihnen vom ersten Tage an Freude macht!

Schlappohren

Von jeher meinten Pferdekäufer, von äußeren Merkmalen auf innere Qualitäten angebotener Pferde schließen zu können.
Schlappohren galten in vielen Ländern als Zeichen angenehmer, arbeitswilliger Pferde mit eher besonnenem Temperament. Der alte Stallmeister schätzt sie vor allem bei arabischen und englischen Vollblutpferden und schrieb den damit behafteten Pferden eher Steher- als Sprinterqualitäten zu. Möglicherweise hat diese Vorstellung dazu beigetragen, dem Trakehner seine oft extra langen Ohren anzuzüchten. Man mag bei der Auswahl der zur Veredelung eingesetzten Vollblüter darauf geachtet haben.

[53] Trautvetter, J. S.: Das Pferd, Erfahrungen aus meinem Leben ... in gereimten und ungereimten Versen, Dresden 1864

[54] Oeynhausen, B. von: Der Pferdeliebhaber, Wien 1865, S. 242

Nicht austricksen lassen!

Unter Hinweis auf die vielen Tricks der Pferdehändler wiesen Experten gern

Pferdekauf

Vor dem Kauf das Pferd selbst reiten, auch mal im Gelände!

darauf hin, das Pferd möglichst unter den gleichen Umständen auszuprobieren, unter denen man es später nutzen wollte. Einige praktische Tips zu diesem Thema sind heute noch gültig: „Manche begnügen sich mit einer Probe in der Reitbahn und wenn das Pferd folgsam geht, so glauben sie, dass dieses Pferd auch nun in allen Gelegenheiten im Freien gehorsam sein werde."[55]
Damals wie heute erwies sich diese

---

55 Oeynhausen, B. von: Der Pferdeliebhaber, Wien 1865, S. 327

Annahme leider oft als Trugschluß ... Nun mußte der alte Stallmeister besonders vorsichtig sein, da Pferde zu seiner Zeit grundsätzlich per Handschlag und „verkauft wie besehen" den Besitzer wechselten. Heute kann man sich mittels Kaufverträgen erheblich besser absichern. Lassen Sie sich im Zweifelsfall schriftlich bestätigen, daß das Pferd verkehrssicher und schmiedefromm ist.

So schäumt's

„Ein junges, kräftiges und muthiges Pferd hat stets ein „frisches Maul", das heißt: ein Maul welches schäumt. Darum ist es etwas Gewöhnliches, daß der

Von Roßtäuschermethoden

Roßkamm (Pferdehändler, Anm. d. Verf.), unmittelbar vor dem Markte, alten Thieren und solchen, die träge und phlegmatisch sind, Maul und Zunge mit gestoßenem Salz und Pfeffer oder Salz und pulverisirten harten Brotkrumen ausreibt, damit das alte Pferd jung, das phlegmatische aber feurigen Temperaments erscheine." [56]

Ein den Pferden genehmerer Trick, ein schäumendes Maul zu erzeugen, ist heute noch unter Dressurreitern bekannt. Man füttert das Pferd kurz vor der Prüfung mit einem Apfel.

Nicht am falschen Fleck sparen!

Schon in alten Zeiten kamen viele Reiter auf die Idee, mit dem Kauf eines jungen Pferdes Geld sparen zu wollen, auch wenn sie selbst keine Erfahrung mit Erziehung und Ausbildung des Tieres aufweisen konnten. Der alte Stallmeister riet hier entschieden ab:

„Derjenige, welcher sich mit der Dressur eines jungen Pferdes nicht selbst befassen oder es nicht abwarten kann, bis diese beendet und wie das Resultat derselben beschaffen ist, thut immer besser, ein abgerichtetes Pferd zu kaufen und dafür lieber etwas mehr zu bezahlen." [57]

---

[56] Zürn, Friedrich Anton: Ueber die Betrügereien beim Pferdehandel, Leipzig 1864

[57] Oeynhausen, B. von: Der Pferdeliebhaber, Wien 1865, S. 327

Dieser Tip gilt auch heute noch! Wenn Sie nämlich letztlich zusammenzählen, was ein junges Pferd an Haltungs- und Berittkosten verschlingt, ist es oft preiswerter, gleich ein gerittenes zu kaufen.

> **Geborene Psychologen**
> Pferdehändler waren und sind gute Psychologen. So hart sie sich ihrer Ware Pferd gegenüber zeigen, so einfallsreich behandeln sie oft das Ego ihrer Kunden:
> *„Der Pferdehändler verweigert es nie, ein Pferd, das dem Käufer im Stalle gefällt, unter dem Sattel zu zeigen, und wenn es noch so roh oder ungezogen wäre. Zeigt sich dann das Pferd ungehorsam, so wird stets den ungeschickten Manieren oder dem schlechten Reiten des Bereiters die Schuld gegeben; auch läßt ein Pferdehändler, der zugleich Menschenkenner ist, dabei wohl ein schmeichelndes Wort über die bekannte Reitkunst des muthmasslichen Käufers fallen, welches nie seine Wirkung verfehlt."*
> Ähnliches bemerkt auch Oberst Hendebrandt von der Lasa: *„Geht das Pferd beim Vorreiten (durch den Bereiter eines Pferdehändlers, Anm. d. Verf.) nicht nach Wunsch, so ist einzig und allein das ungeschickte Vieh von Bereiter daran Schuld; wenn der gnädige Herr den Braunen im Stall hätte, würde er ganz anders gehen. Das ungeschickte*

Pferdekenner

Vieh reitet aber vortrefflich, und kauft man das Thier, so kann man oft selbst bald gar nicht mehr mit ihm fertig werden."[15]

Auch was die Präsentation angeht, stand der Pferdehändler des 19. Jahrhunderts dem modernen Werbefachmann kaum nach:

„Auch ist in den Stallungen vieler Pferdehändler der Gang inmitten des Stalles etwas niederer als die Pferdestände, wodurch die Pferde für den Beschauer grösser erscheinen."[16]

---

15 L. von Hendebrand und der Lasa, Das Pferd des Infanterie-Offiziers, Leipzig 1878

16 Oeynhausen, B. von: Der Pferdeliebhaber, Wien 1865, S. 323

„Es ist sehr leicht, Fehlerkenner, aber sehr viel schwieriger, Pferdekenner zu werden. Ein tüchtiger Pferdekenner muß nicht allein sehen, was an einem Pferde ist, sondern er muß auch erkennen und beurteilen, was das Tier leisten, ja sogar was aus ihm unter gewissen Umständen noch werden kann. Er muß es verstehen, auch in die Zukunft zu blicken."

„Ohne zugleich Reiter zu sein, bleibt man bei allem theoretischen und praktischen Wissen in der Pferdekenntniss doch ein sehr unvollkommener Pferdekenner und irrt sich in seinem Urteile,

Pferde beobachten schult den Blick für charakterstarke Tiere.

Von Roßtäuschermethoden

Das neuerworbene Pferd muß sich auch transportieren lassen.

da so Vieles von dem Auge nicht erkannt wird, was das Gefühl im Sitz und in der Hand, und die specielle Beobachtung zu Pferde sogleich auffindet."[58]

Undankbare Aufgabe

Schon vor über hundert Jahren war unumstritten, daß Freizeitreiter beim Pferdekauf des Ratschlags eines Könners bedürfen. Ganz problemlos ließ sich das aber auch damals nicht an: „Im Allgemeinen ist ein erfahrener Pferdekenner nicht leicht zur Hülfe beim Ankauf zu bewegen, die meisten gehen gern einem derartigen Freundschaftsdienste aus dem Wege, weil die Erfahrung lehrt, daß sie für alles Unglück, welches selbst in späterer Zeit etwa dem unter ihrer Mitwirkung gekauften Pferde zustößt, verantwortlich gemacht werden, wohingegen einen glücklichen Erfolg der Käufer sich stets selbst zuschreibt. Das Zugegensein eines Thierarztes ist für die Beurtheilung des Gesundheitszustandes des gewählten Pferdes sehr angenehm, die

---

[58] Alle Zitate aus: Wrangel, Graf v.: Das Buch vom Pferde, Stuttgart 1895

Arabischer Aberglaube

Im vorigen Jahrhundert stand die Pferdezucht der Beduinen in arabischen Ländern noch in voller Blüte. Wollte man dort als Europäer ein Pferd erwerben, stand man oft vor verschlossenen Zelten, es sei denn, man griff auf Pferde zurück, an denen die Beduinen irgendwelche Unglückszeichen zu erkennen meinten. So galten z. B. schwarze Stuten ohne Abzeichen als Unglückstiere, und auch, wenn ein Hinterbein und ein Vorderbein über Kreuz weiß gefesselt waren, deutete man das als schlechtes Omen. Als Schlimmstes galt ein Haarwirbel unter der Stirn, von den Beduinen „das offene Grab" genannt.

Überhaupt gab es manigfaltige Deutungen in Bezug auf die Haarwirbel. Von 40 möglichen hielten die Beduinen 28 für unwichtig, aber von den übrigen wird zur Hälfte ein guter und ein schlechter Einfluß angenommen.

Wirbeldeutungen fanden sich übrigens auch in der Pferdekunde der Indianer, und in den letzten Jahren kamen sie durch die Arbeit von Linda Tellington-Jones zu neuen Ehren. Linda Tellington-Jones ist jedoch der Ansicht, daß sie höchstens die Neigung des Pferdes zu bestimmten Charaktereigenschaften ausdrücken. Konsequente Arbeit mit dem Pferd kann negative Anlagen überdecken.

Ebenso, wie er auf Unglückszeichen achtete, sah der arabische Züchter natürlich auch auf glücksverheißende Fellfarben oder Abzeichen. Pferde, die nur ein einziges Abzeichen auf der Stirn hatten, das „ansteigt wie ein Palmbaum", galten zum Beispiel als Glücksbringer. Man nannte sie „Weg des Guten und des Glückes".

Wollte man eine „lange Reise unter Gottes Schutz unternehmen", so wurde empfohlen, sie auf einem Fuchs mit zwei weißen Vorderfüßen und einem weißen, linken Hinterfuß anzutreten. Auch Pferde anderer Farben mit diesem Abzeichen galten als erfolgversprechend. Geschäftsleute dagegen griffen gern zu einem Pferd mit linksgeneigter Blesse, da das guten Profit bei allen Abschlüssen versprach.

Braune ohne Abzeichen wurden von den Händlern lieber gemieden: „Braune Pferde, die gar kein Weiß auf der Stirn haben, noch einen schwarzen Streif auf dem Rücken, werden dem Herrn verloren gehen oder gestohlen werden."[17]

---

17 aus einer arabischen Prophezeihung, zitiert nach „Hippologische Mittheilungen und Notizen über die Natur, Eigenschaften, Pflege und Verwendung des Pferdes", Friedrich Beck, Wien 1878.

Von Roßtäuschermethoden

Wahl überlasse man ihm aber nicht, denn diese Herren sind gewöhnlich mehr Fehler- als Pferdekenner, weil sie wol viele Pferde beurtheilen und behandeln, aber nur wenige selbst gebrauchen."[59]

Schweifheben

Spürte man beim Aufheben des Schweifes einen starken Widerstand der Muskulatur des Pferdes, so schloß man zu Zeiten des alten Stallmeisters auf ein besonders kräftiges Hinterteil des Pferdes und damit höhere Leistung.

Tatsächlich offenbart sich dadurch aber hauptsächlich Muskelverspannung. Ein lockeres, vertrauensvolles Pferd gibt den Schweif leicht her. Im Rahmen der TTEAM-Methode zur Arbeit mit jungen und verdorbenen Pferden gibt es deshalb spezielle Übungen zum Anheben der Schweifrübe. Auch ein sanftes Ziehen am Schweif entspannt das Pferd. Stützen Sie dabei aber die Schweifrübe gut ab und stehen Sie neben und nicht hinter dem Pferd.

Die Araber verwandten den Zug am Schweif übrigens auch als Belastungsprobe. Wenn sie testen wollten, ob das Pferd erschöpft war, oder eine weitere Strecke laufen konnte, saßen sie ab und zogen es kräftig am Schweif. Ließ es das geschehen ohne zu schwanken, so war es noch leistungsfähig.

Charaktertest

„Willst du den Charakter eines Menschen kennen lernen, so mußt du ihn während des Schlafes stören; um die Natur eines Pferdes zu erkennen, genügt es, ihm die Mahlzeit zu stören."[60] Diese Erkenntnis beruht darauf, daß schwierige und unleidliche Pferde ihre Eigenheiten sehr schnell zeigen, wenn man ihnen bei der Futteraufnahme zu nahe kommt. Es empfiehlt sich deshalb, ein fressendes Pferd besonders deutlich anzusprechen und Vorsicht zu bewahren, wenn man sich ihm von hinten nähern muß.

Wie groß wird unser Fohlen?

Wer ein junges Pferd kauft, möchte stets gern wissen, welche Endgröße es einmal erreichen wird. Mit Hilfe des altenglischen „Zigeunermaßes" kann man das recht genau errechnen. Dazu mißt man den Abstand zwischen Ellbogen und Fesselkopf und zwischen Ellbogen und Boden. Addiert ergeben diese Werte die spätere Widerristhöhe. Die sichersten Aussagen erlaubt das „Zigeunermaß" bei Jährlingen. Es er-

---

59 L. von Hendebrand und der Lasa, Das Pferd des Infanterie-Offiziers, Leipzig 1878

60 Guénon: L`ame du cheval, Chalon-sur-Marne 1901, hier zitiert nach Máday, Dr. Stefan v.: Psychologie des Pferdes und der Dressur, Berlin 1912

Messen der Widerristhöhe

Messen der Widerristhöhe

faßt aber nur die von der Natur vorgesehene Größe. Aufzuchtmängel und zu frühe Arbeit oder Bedeckung beeinflussen das Wachstum negativ.

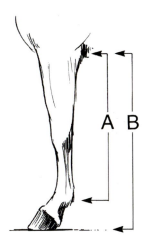

Beim Jährling ergibt die Summe aus A und B die zukünftige Größe des ausgewachsenen Pferdes.

Hilfe bei Insektenplage

Fliegenfreie Ställe

Der Fliegenbefall im Pferdestall hält sich in Grenzen, wenn man den Stall sauber, kühl und dunkel hält. Letzteres gilt natürlich nur für Offenställe und Weidehütten. Dunkle Boxen sind mit und ohne Fliegen Tierquälerei.
Zusätzlich wirkt es fliegenabschreckend, wenn man eine mit Gewürznelken gespickte Zitrone in den Stall hängt. Außerdem sollen Ställe – und Wohnungen – fliegenfrei werden, wenn man ein Schälchen Wasser mit ein paar Tropfen Nelkenöl darin aufstellt oder getrocknete Kürbiskerne verbrennt. Wegen Brandgefahr bitte nicht in geschlossenen Ställen und auch in Offenställen nur unter Beachtung aller Vorsichtsmaßnahmen ausprobieren!
Ganz sicher nicht empfehlenswert ist dagegen das Aufhängen von Fliegenfängern (Leimbändern) in Ställen. Erstens reduzieren sie das Fliegenaufkommen nicht wesentlich und zweitens sind sie eine Gefahr für eventuell aus- und einfliegende Vögel. Außerdem ist es unangenehm, wenn Pferdehaare daran festkleben.

Ein Vorhang aus Plastikstreifen hält den Stall fliegenfrei.

Schafgarbe

Der Geruch und der bittere Geschmack der Schafgarbe soll Fliegen abhalten. Alte Landwirtschaftshandbücher empfehlen deshalb, die besonders von Fliegen frequentierten Körperteile des Pferdes kräftig mit frischer Schafgarbe (Achillea Millefolium) einzureiben und weitere Teile der Pflanze im Stall aufzuhängen.

Essig gegen Fliegeneier

Wenn die Dasselfliege ihre Eier am Pferd abgelegt hat, kann man die gelben „Sprenkel" mit einer Wasser-Obstessig-Mischung abwaschen.
Außerdem schlüpfen die Larven aus den am Pferd abgelegten Eiern, sobald man diese mit körperwarmem Wasser

Hausmittel gegen Fliegen

Schafgarbe – nützlich als Heilpflanze und wirksam gegen Fliegen

Spinnen – Verbündete im Kampf gegen die Fliegenplage

anfeuchtet. Damit simuliert man das Ablecken durch das Pferd, ohne daß die Schädlinge in den Magen-Darmtrakt gelangen. Die Methode verspricht mindestens soviel Erfolg wie das Abreiben oder Abschaben der Eier, aber sie sollte die Winterwurmkur trotzdem nicht ersetzen. Man erwischt nie alle Larven, und schon eine einzige, „entkommene" Fliege sorgt für abertausende Nachwuchslarven …
Waschen Sie die Larven auch nicht auf der Weide ab, Sie laufen sonst Gefahr, daß die Pferde die Larven doch noch mit dem abgeweideten Gras aufnehmen.

Spinnweben

Spinnweben sollten niemals dem Reinlichkeitswahn zum Opfer fallen. Spinnen sind unermüdliche Fliegenjäger und als solche schützenswert.

Ausritt ohne Fliegen

Eine Mischung aus 50 Prozent starkem schwarzen Tee und 50 Prozent Obstessig soll Fliegen auf einem Ausritt fernhalten. Das Mittel wird entweder versprüht oder mit einem Schwamm aufgetragen.

Insektenplage

Ein weiterer Trick ist es, ein in Eukalyptusöl getränktes Läppchen während des Ausritts am Sattel zu befestigen oder das Pferd mit einer Emulsion nach folgendem Rezept abzureiben:
1 Tasse Eukalyptus-Badeöl
1 Teelöffel Nelkenöl,
1 Tasse Wasser
1 Tasse Essig.

Was übel riecht, hält Mücken fern.

Obstessig und Walnußblätter

Ein weiteres natürliches Antifliegenmittel kann schnell aus Obstessig und Walnußblättern erstellt werden. Man kocht dazu eine Handvoll zerkleinerte Walnußblätter mit einer Flasche Obstessig eine Minute lang auf und würzt nach Wunsch mit etwas Nelkenöl. Die Mischung wird täglich möglichst mehrfach aufs Pferd gesprüht oder gerieben. Leider ergibt sich dabei eine Verfärbung des Pferdefells. Also Vorsicht bei Schimmeln!

Kürbis

Wer Kürbisse im Garten hat, kann es auch mit einem Schweizer Rezept zur Fliegenabschreckung versuchen. Es rät, das Pferd täglich mit frischen Kürbisblättern abzureiben.

Hilfe von innen

Ein Schuß Obstessig im Trinkwasser macht den Körpergeruch der Pferde etwas unattraktiver für Insekten. Denselben Effekt erreicht man, indem man täglich eine Knoblauchzehe verfüttert. Das hält auf jeden Fall Zecken fern.

Die Stunde der Mücken

Die besonders lästigen Kriebelmücken – viele Pferdebesitzer kennen sie als Auslöser des bekannten ‚Sommerekzems' – fliegen bevorzugt in der Stunde vor und in der Stunde nach Sonnenuntergang. Wer die Möglichkeit dazu hat, bringt seine Pferde um diese Zeit in den Stall.

Rechts:
Wenn es romantisch wird, fliegen die Mücken.

Insektenplage

Keine Chance für Mücken

Fettet man Mähne und Schweifansatz eines Sommerekzemers dick ein – z. B. mit Babycreme, Vaseline oder Huffett mit Lorbeeröl, so können die Mücken kaum zustechen. Die Fettschicht verstopft ihr Saugrohr und verdirbt ihnen die Blutmahlzeit. Leider läßt sie das Pferd aber auch ziemlich schmierig und ungepflegt aussehen, da sich natürlich Staub und Sand daran festsetzen und Mähne und Schweif verkleben. Mitunter verursacht die Verschmutzung dann ihrerseits Juckreiz. Der Trick wird deshalb nur selten angewandt, obwohl er mehr Erfolg verspricht als die meisten anderen Rezepte gegen die Mücken.

Radikales Mittel

Wer sich vor schlechten Gerüchen nicht fürchtet und wen der Gang zum Pferdeschlachter nicht gruselt, kann Sommerekzempferde mit dem folgenden Salbenrezept behandeln und vor Insekten schützen. Die Salbe soll auch bei anderen Hauterkrankungen sowie Mauke nützlich sein.
Erhitzen Sie dazu ein Pfund Pferdefett vom Schlachthof und rühren Sie einen gehäuften Eßlöffel Schwefelblüte darunter. Während das Fett erkaltet, wird noch ab und zu umgerührt.
Die Salbe hat heilende Wirkung und ihr durchdringender Geruch hält auch Fliegen zeitweise fern. Auf Ihre Freunde und Bekannten könnte er allerdings

Es gibt viele Möglichkeiten zum Insektenschutz.

die gleiche Wirkung ausüben! Der „Duft" haftet anhaltend – nicht nur am Pferd, sondern auch an den Händen des Besitzers. Beim Auftragen also grundsätzlich Gummihandschuhe anziehen!

Ätherische Öle

Der Geruch von Nelkenöl bzw. Lavendelöl oder einer Mischung von beidem hält Insekten eine Zeitlang fern. Das Öl wird mit einem Schwämmchen aufgetragen, wobei man sich auf den Kopf-

bereich des Pferdes beschränken kann. Natürlich darf kein Öl in die Augen oder an die Schleimhäute des Pferdes kommen.
Im Bereich der Geschlechtsorgane haben sich auch Einreibungen mit Zedernholzöl bewährt.

Insektenstiche an Euter und Schlauch

Kriebelmückenstiche am Euter der Stuten oder im Schlauchbereich bei Hengsten und Wallachen kann man mit einer Mischung aus Arnika und Essigwasser behandeln und dann dick mit Melkfett einschmieren.
Bei frischen Stichen hilft die Abreibung mit dem Saft einer Zwiebel oder des Spitzwegerichs. Besonders Bienen- und Wespenstiche sprechen darauf hervorragend an.

Ballistol

Einreibungen mit Ballistol empfehlen sich unter anderem bei Kriebelmückenbefall in Pferdeohren. Man kann die Ohren damit auswischen und so von Wundsekret und Ohrenschmalz reinigen. Außerdem wirkt der Geruch abschreckend auf Mücken.
Der Anwendungsbereich von Ballistol ist auch darüber hinaus sehr vielseitig. Man kann es praktisch bei jeder Gelegenheit verwenden, vom Insektenstich bis zum Satteldruck, und natürlich zum Gewehrreinigen, sollten Sie ein solches besitzen. Ursprünglich wurde Ballistol nämlich als Waffenöl entwickelt. Es ist jetzt noch in Läden für den Jagdbedarf zu haben, aber man bekommt es auch in den meisten Apotheken.

Scheuerbalken

Besonders Pferde, die an Sommerekzem erkrankt sind, leiden in den Sommermonaten an heftigem Juckreiz. Sie z. B. mittels Elektrozaun an jeglichem Scheuern zu hindern, grenzt an Tierquälerei, besonders dann, wenn auch kein Artgenosse zur sozialen Fellpflege zur Verfügung steht. Um den Tieren ein Scheuern zu ermöglichen, Mähne und Schweif aber weitestgehend zu schonen, empfiehlt es sich, einen glatten Scheuerbalken auf der Weide aufzustellen. Der Holz- oder Eisenpfahl muß aber mindestens 60 cm tief im Erdboden verankert sein, sonst hält er dem kräftigen Reiben der Pferde kaum stand.

Milben und Haarlinge

Gegen Ungeziefer im Fell, die unter anderem Räude verursachen, gibt es in der modernen Tiermedizin verschiedene Mittel zum Waschen und Einreiben. Der alte Stallmeister bekämpfte es ohne Chemie:
Ein Pfund schwarzer Tabak wurde in zwei Maß Wasser gekocht. Mit dieser Mischung wusch man die befallenen Hautstellen drei bis vier Tage lang täg-

Insektenplage

Ein Scheuerbalken schont Mähne und Schweif.

Kriebelmückenstiche verursachen bei Allergikern heftigen Juckreiz.

lich. Dann ging man zu Salbungen mit Leinöl über.

Flöhe im Stall

Flöhe im Pferdestall sind eher selten. Sie kommen eigentlich nur vor, wenn die Pferde sich den Stall mit Geflügel teilen müssen, können dann aber sehr hartnäckig sein und auch nach Entfernen des Geflügels am Boden festsitzen. Man soll sie vertreiben können, indem man Streichhölzer mit dem Kopf in die Erde steckt oder auf den Boden legt. Der alte Stallmeister hatte für solche Rezepte jedoch keinen Bedarf, denn er hätte niemals Geflügel im selben Stall mit seinen Rössern geduldet! Dabei fürchtete er allerdings weniger die

Pferde und Geflügel

Flöhe, die nie den Pferden, sondern allenfalls den Reitern und deren Hunden das Leben schwer machen, sondern gewisse Hautmilben des Federviehs. Sie können die Atemwege der Pferde angreifen und schwere Allergien verursachen.
Neben der Floh-, Milben- und Allergiegefahr sind Hühner in Pferdeställen schon allein deswegen nicht gerne gesehen, da sie durch ihren extrem kurzen Darm überall ihre Spuren hinterlassen. Erwählen sie dann noch den Futtertrog zu ihrer Schlafstätte, können die Pferde Hühnerkot mit ihrem Futter aufnehmen.

Keine Hühner im Pferdestall!

Vorsicht bei gemeinsamer Haltung von Pferden und Geflügel

Wenn das Pferd hustet

Husten

Hustenreiz

„Um die Kraft und Gesundheit der Lungen zu probiren, reize man das Pferd durch momentanes Zusammendrücken des Kehlkopfes oder des obern Ende der Luftröhre zum Husten. Pferde mit kräftigen Lungen lassen sich auf diese Weise oft gar nicht, oder doch nicht so leicht zum Husten bringen; der erfolgende Husten muß sonor und von lautem Tone sein, und dem Pferd kein schmerzhaftes Gestöhne auspressen, auch darf das Pferd nur ein- oder zweimal auf die künstliche Reizung husten."[61]

So wird der Hustenreiz ausgelöst.

Dieser Ratschlag ist heute noch anzuwenden. Es muß aber nicht gleich auf eine Lungenerkrankung geschlossen werden, wenn das Pferd deutlich auf das Auslösen des Hustenreizes anspricht. Möglicherweise liegt nur eine harmlosere Reizung der oberen Luftwege vor.

Hustentee

Ideal zur Vorbeugung gegen Atemwegserkrankungen und zur Unterstützung der Therapie bei bereits bestehenden ist dieses Hustentee-Rezept:
Die Teemischung besteht aus je 25 Gramm Thymian, Salbei, Anis, Kamille, Malve, Huflattich, Spitzwegerich, Schafgarbe, Königskerze und Lungenkraut.
Man brüht den Tee auf (etwa eine Handvoll Kräuter auf eine Kanne Wasser), läßt ihn 10 Minuten ziehen und gießt ihn dann über das Kraftfutter der Pferde. Die Kräuter können mitverfüttert werden. Sie werden gern gefressen.

> **Husten ernst nehmen!**
> Gegen Husten ist so manches Kraut gewachsen, und eine Behandlung durch den Pferdehalter nach diesen oder anderen Rezepten der Naturheilkunde ist durchaus erfolgversprechend. Bedenken Sie aber, daß Husten eine ernstzunehmende Erkrankung ist, die unbedingt ausdiagnostiziert werden muß, bevor man ihr mit schulmedizinischen Mitteln oder Hausmitteln zu Leibe

---
[61] Hippologische Mittheilungen und Notizen über die Natur, Eigenschaften, Pflege und Verwendung des Pferdes, Friedrich Beck, Wien 1878

Hausmittel bei Husten

rückt. Insbesondere wenn das Pferd fiebert – und Fiebermessen sollte bei jedem Huster die erste Maßnahme des Pferdehalters sein! – muß sofort ein Tierarzt zugezogen werden.

Zwiebelsirup

wirkt unterstützend bei Bronchialerkrankungen und auch vorbeugend gegen Husten.
Etwa acht Zwiebeln werden in Scheiben geschnitten und mit einem Glas Honig 24 Stunden angesetzt. Mehrmals umrühren!
Von dieser Mischung erhält das Pferd dreimal am Tag drei Eßlöffel, wer es an sich selbst probieren möchte, kommt mit einem aus. Wenn das Pferd sie mag, können die Zwiebelringe mit verfüttert werden. Ansonsten streichen Sie den Honig durch ein Sieb.
Wenn Sie mehrere Tagesrationen auf einmal zubereiten und in Portionsdöschen (Marmeladengläser) abfüllen, ist die tägliche Verfütterung kein Problem. Die Mischung wird mit dem Kraftfutter gern aufgenommen.

Im Winter tritt Husten häufiger auf.

Lorbeer für Huster

Bei Reizungen der oberen Luftwege, wie sie durch Heustaub oder nach einem Ausritt durch frischgespritzte Felder gelegentlich auftreten, hilft ein Tee aus Lorbeerblättern und Thymian. Auf eine Kanne Wasser nimmt man zwei Eßlöffel Lorbeerblätter und einen Eßlöffel Thymian. Der Tee wird mit kochendem Wasser aufgegossen und muß etwa 10 Minuten ziehen, bevor man das Kraftfutter damit übergießt. Er ist gut für Reiter und Pferd und schmeckt besser, wenn man ihn mit Honig süßt.

Dampf oder Heuallergie?

Viele Pferde gelten als dämpfig, obwohl sie nur unter Heustauballergie lei-

Husten

Wenn es im Stall staubt, sind die Pferde auf der Weide am besten aufgehoben.

den. Diese Neigung zu Allergien gilt allgemein als neuzeitliche Erscheinung. Aus der folgenden Passage aus einem 1864 erschienenen Buch läßt sich jedoch schließen, daß man schon damals manchem Pferd den Schlachter hätte ersparen können, wäre man zu Offenstallhaltung und Heutauchen übergegangen: *„Gemeinhin pflegt er (der Pferdehändler, der ein anscheinend dämpfiges Pferd als gesund verkaufen möchte, Anm. d. Verf.) einen Dämpfigen 3–6 Wochen, und noch länger in einem kühlen Stall zu halten oder noch besser ganz und gar im Freien. Dabei bekommt derselbe nur leichtes Futter, Grünfutter oder Kleie mit Häcksel, gar kein Heu und anstatt dessen blos Hafer oder Weizenstroh. Die Symptome des Dampfes verschwinden dadurch fast ganz und das Athemholen geschieht hiernach beinahe nicht anders, als wie bei einem gesunden Pferde. Füttert man aber nur einmal trocknes Futter oder viel Heu, so ist der Dampf in ganzer Stärke wieder vorhanden."*[62]

Zusammenhänge zwischen Husten und Heufütterung vermutete auch schon der Pferde- und Vieharzt Abildgaard 1787. Er riet, bei Husten auf Heufütterung zu verzichten und ver-

---

[62] Zürn, Friedrich Anton: Ueber die Betrügereien beim Pferdehandel, Leipzig 1864

Heu- oder Strohallergie?

ordnete Tee oder Pillen aus Schwefelblumen und Alaunwurzel.

Heutauchen

Taucht man Heu für ein allergisches Pferd, so empfiehlt es sich, dem Wasser Kochsalz oder Viehsalz zuzusetzen. Das verbessert den Geschmack und die Bekömmlichkeit des Heus und sorgt zusätzlich dafür, daß das Wasser nicht zu schnell „umkippt". Man kann das Tauchwasser also mehrmals (zwei bis dreimal) verwenden.

Grassamenheu

Vielen Heuallergien kann man vorbeugen, indem man das für Pferde bestimmte Heu erst nach der Grasblüte schneidet. Auch sollte das Mähwerk nicht zu tief eingestellt werden, damit Verunreinigungen des Heus durch Erde ausbleiben. In Gegenden, in denen Grassamengewinnung betrieben wird, kann man für Pferde auch sogenanntes „Grassamenheu" kaufen. Es wird nach der Blüte geschnitten und gedroschen. Der Nährstoffgehalt ist zwar erheblich geringer als der von „normalem" Heu, aber das ist besonders bei der Verfütterung an Robustpferde eher ein Vorteil. Bei Warmblütern kann es durch höhere Kraftfuttergaben ausgeglichen werden.

Ein Problem bei der Verwendung von Grassamenheu ist allerdings der Zeitpunkt der Ernte. Es wird viel später geschnitten als anderes Heu und verregnet in unseren Breiten folglich leicht.

Heu- oder Strohallergie?

Husten „Heuallergiker" weiter, obwohl das Heu nun schon getaucht oder gegen Grassamenheu ausgewechselt wurde, dürfte die Ursache in der Stroheinstreu liegen. Am besten wechselt man sie gegen Sägespäne aus. Futterstroh wird wie Heu getaucht. Am häufigsten löst übrigens Weizenstroh solche Allergien aus, da es oft vom Mehltau befallen ist. Mitunter genügt es also, von der Weizenstroheinstreu zur Hafer- oder Gerstenstroheinstreu zu wechseln.

Heutauchen für hustende Pferde – arbeitsintensiv, aber wirksam

Husten

Inhalieren

Inhalieren als Mittel, den Nasenausfluß bei Atemwegserkrankungen des Pferdes anzuregen, wurde von fortschrittlichen Roßärzten schon 1796 verordnet. So schreibt Heinrich Daum: „Um den Ausfluß aus der Nase zu beför-

Inhalator Marke Eigenbau

dern, lasse ich den kranken Pferden ein Dampfbad zubereiten. Ich lasse nehmlich ohngefehr sechs Hände voll Kamillenblumen und drey Hände voll Majoran in fünf Maaß Wasser eine Zeitlang kochen; dieses sodann in einen Eimer thun und unter des Pferdes Kopf stellen, hierbey noch den Kopf mit einem Tuch behängen, wodurch ich den aufsteigenden Dampf besser nach der Nase und dem Maul leite."[63]

Inhalator schnell gebaut

Ein Inhalator fürs Pferd ist mittels eines kleinen Eimers und einer Kunststoffflasche mit Schraubverschluß leicht gebastelt. Man versieht dazu den Boden des Eimers mit einem runden Loch im Durchmesser des Flaschenhalses und durchlöchert zudem den Schraubverschluß. Der Eimer wird mit einem Strick oder Lederriemen versehen, der ihn am Pferdekopf hält. Nun füllt man die Flasche zu einem Drittel mit warmem (auf keinen Fall heißem oder gar kochendem) Wasser und ein paar Tropfen Eukalyptusöl, japanischem Heilpflanzenöl oder womit immer man inhalieren will. Man steckt den Flaschenhals durch den Eimerboden, fixiert ihn dort mittels Schraubverschluß und hängt dem Pferd den Inhalator um. Nach kurzer Gewöhnungszeit wird es die Behandlung genießen.

> **„Roßkur" bei Husten**
> „Außer dem Verabreichen innerer Mittel, pflegen die Roßtäuscher, namentlich in England, derartig kranken Gäulen Stangen geschabten Meerrettigs in die Nasenlöcher zu

[63] Daum, H.: Curart der Druse und des Strengels, Archiv für Roßärzte und Pferdeliebhaber, Marburg 1796

stecken, dann die Nase zuzuhalten, damit der Saft sich überall hin verbreite. Durch denselben werden diese zum Husten und zum Auswurf, des in der Luftröhre und den Bronchien sitzenden Schleimes genöthigt, wonach natürlich das Athemholen freier werden muß."[18]
Wer sich und seinem Pferd diese Behandlung ersparen, den Schleimauswurf aber trotzdem fördern möchte, der sollte es mit „Kaschmieder Balsam 49" versuchen. Das Mittel ist in der Apotheke erhältlich, und man verabreicht möglichst vor jedem Ausritt eine Ampulle.

18 Zürn, Friedrich Anton: Ueber die Betrügereien beim Pferdehandel, Leipzig 1864

Senfumschlag

Bei Lungenerkrankungen empfahlen alte Veterinäre die Unterstützung der Behandlung durch warme Senfumschläge. Dazu rührte man ein Kilo Senfmehl mit warmem Wasser an und strich die Masse auf Leinwandlappen, die man dann auf die angefeuchtete Brust legte. Sie wurden mit Wolldecken und Gurten fixiert und verblieben zwei bis drei Stunden am Pferd.
Eine Paste aus Senf und Essig wurde auch gern im Kehlbereich des hustenden Pferdes angebracht. Hier werden keine aufwendigen Verbände benötigt.

Es genügt, die Kehle des Pferdes (von außen) zweimal täglich einzureiben. Auch im Rippenbereich rieten Tierärzte des 19. Jahrhunderts zum Senfumschlag. So reimte der Ober-Roßarzt J. S. Trautvetter:
„Dann leg ohne Unterlaß,
stets mit Hülfe beider Hände
Senfteig auf die Rippenwände;
aber nicht, wie's oft geschieht,
daß man kaum das Pflaster sieht,
Sondern breit, recht dick und warm,
Daß er wirkt auf Lung' und Darm;
Mach das Pflaster nie zu klein,
Und, tritt noch ein Rückfall ein,
Wiederhol' die Procedur,
Dann glückt Dir sehr oft die Kur!"[64]

Packung bei Druse

Bei Druse oder Luftsackentzündung ist es ideal, im Bereich der geschwollenen Halsregion wärmende Packungen anzubringen. In alten Stallapotheken hielt man dazu sogenannte „Drusenlappen" bereit, die sich mit etwas Nähkenntnis leicht herstellen lassen. Anstelle der Schnallen bieten sich heute Klettverschlüsse an. Unter den „Drusenlappen" schob man dann Leinensäckchen, die man mit einem heißen Brei aus Leinsamenmehl, Eibischpulver, Kleie und Hafergrütze füllte. Denselben Zweck erfüllt eine Füllung mit gestampften Kartoffeln.

64 Trautvetter, J. S.: Das Pferd, Erfahrungen aus meinem Leben ... in gereimten und ungereimten Versen, Dresden 1864

Husten

Offenstallpferde sind widerstandsfähiger gegen jede Art von Infektionskrankheiten.

Fehlt einmal die Zeit für einen so aufwendigen Umschlag, so kann man auch auf „Taschenöfen" aus dem Jagdbedarf zurückgreifen, die den entzündeten Bereich recht lange warm halten. Ihre trockene Wärme erzielt aber nicht den gleichen Wirkungsgrad wie die feuchtwarmen Umschläge.

Luftsackentzündung

Tritt eine Luftsackentzündung beim Fohlen auf, so ist sie in der Regel die Folge einer Mißbildung im Zugangsbereich zum Luftsack. Zu Zeiten des alten Stallmeisters bedeutete das ein Todesurteil für das Fohlen. Heute ist das Problem durch Laserchirurgie leicht – und preisgünstig – zu beheben. Informationen gibt die Tierklinik Hannover.

Fütterung vom Boden

Ein Pferd, das unter Atemwegserkrankungen leidet, füttert man grundsätzlich vom Boden. Unter den leichten Kieferbewegungen beim Kauen entleert sich nämlich der eventuell in den oberen Luftwegen vorhandene Schleim.

Hustenleckstein

Beim Durchsehen der Literatur finden sich die verschiedensten alten Rezepte zur Herstellung von Hustensirup für Pferde. Man verarbeitet dazu Tinkturen aus Huflattich, Thymian, Salbei, Goldmelisse und vielen anderen Heilpflanzen, manchmal werden die Pflanzen auch frisch verarbeitet. Die grundsätzlichen Nachteile bestehen dabei jedoch in der oft langen Herstellungszeit (etwa zwei Monate) und dem Zuckerreichtum aller Rezepte. Da Pferde genauso kariesgefährdet sind wie Menschen, verzichten wir hier auf den Abdruck dieser Tips und greifen ausnahmsweise auf ganz moderne Rezepte zurück. Basierend auf Ideen der „Hobbythek" hier der zuckerfreie Hustenleckstein:
500 Gramm Xylit (Zuckeraustauschstoff, in Hobbythek-Läden erhältlich)
10 Tropfen Eukalyptusöl
7 Tropfen Anisöl
7 Tropfen Fenchelöl
7 Tropfen Thymianöl
7 Tropfen Kamillenöl
Zerstoßen Sie einen kleinen Teil der Xylitmenge zu Puderxylit. Der Rest wird im Kochtopf erwärmt, bis er zu schmelzen beginnt. Dann fügen Sie die Öle hinzu. Es ergibt sich eine wohlriechende, dickflüssige Masse, die Sie dann in eine vorher mit Puderxylit ausgestreute Form geben. Auch darüber wird Puderxylit gestreut. Im Laufe von zwei bis drei Tagen rekristallisiert sich die Masse, wird fest und kann aus der Form gelöst werden. Falls Sie eine sehr hohe Form gewählt haben, kann es sinnvoll sein, nach den ersten Stunden des Abkühlens noch etwas Puderxylit unterzuheben. Das beschleunigt die Kristallisierung.

Und noch ein „Geheimrezept"

Bei den ersten Anzeichen von Husten begann der amerikanische Landarzt D. G. Jarvis mit der Behandlung nach folgendem Rezept:
„Eine halbe Semmel wird in Obstessig eingeweicht und dann mit einem Eßlöffel Honig versehen. Ein solches Brötchen erhält das betroffene Pferd jede Stunde, also 10–12mal am Tag, eine Woche lang. Anschließend kann man die Gabe auf dreimal täglich reduzieren. Das sollte drei bis vier Wochen durchgehalten werden, auch wenn der Husten relativ schnell aufhört."[65]

Frische Luft für Huster

Hustende Pferde sollten auf keinen Fall den ganzen Tag im Stall stehen. Ruhige Bewegung tut gut und wirkt

---

[65] Aus einem Leserbrief von E. Heyl, Freizeit im Sattel, 1976, Nr. 10

Husten

Hustende Pferde brauchen vor allem frische Luft.

schleimlösend – aber bitte im Gelände und nicht in einer staubigen Reithalle! Optimal ist die Unterbringung des Husters in einem Offenstall. Die Umstellung muß allerdings vorsichtig, idealerweise im Anschluß an einen sommerlichen Weideaufenthalt, erfolgen. Ein alter Stallmeister brachte seinen Schülern diese Weisheiten 1864 in griffigen Versen nahe:
*„Willst Du aber bei den Leiden
Viele Medizin vermeiden,
Nicht das Thier mit scharfen Oelen,
Salben und Latwergen quälen,
Und viel Geld für derlei Plagen
Hin zum Apotheker tragen,*

Frische Luft für Huster

Dann beachte bei der Kur
Stets die Winke der Natur;
Mach es Dir zur strengsten Pflicht,
Halt im Stall auf Luft und Licht;
Und dabei sieh alle Zeit,
Auf die größte Reinlichkeit!

Und dann präg' ich Dir noch ein:
Brauch' die Pferde viel im Frei'n;
s'ist gar nicht genug zu sagen,
Wie bei irgend schönen Tagen
Ihre Kräfte sich erhöh'n,
Wenn sie oft auf Touren geh'n." [66]

---

[66] Trautvetter, J. S.: Das Pferd, Erfahrungen aus meinem Leben ... in gereimten und ungereimten Versen, Dresden 1864

Hilfe, mein Pferd lahmt!

Lahmheit

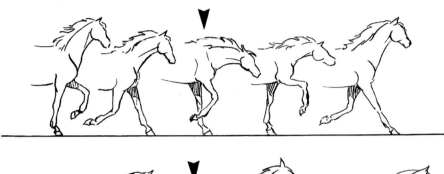

Auf welchem Fuß lahmt das Pferd?

Verständlicher als so manches moderne Handbuch erklärt das 1896 erstmalig erschienene Heftchen „Der Veterinärgehilfe" das Erkennen von Lahmheiten:
„Während des Vorführens sieht man, daß der gesunde Fuß eines lahmen Pferdes stärker belastet wird als der kranke. Es „fällt" auf den gesunden Fuß. Dies hat zur Folge, daß der Hufschlag mit dem gesunden Bein lauter ist als derjenige mit dem kranken. Lahmt ein Pferd am Vorderfuß, so nickt es beim Belasten des gesunden Beines; ist der Sitz der Lahmheit an einem Hinterschenkel, so senkt sich die Kruppe

Oben: Lahmheit rechts vorne: Das Pferd nickt, wenn der linke Vorderhuf auffußt.
Unten: Die Kruppe senkt sich, wenn der rechte Hinterhuf auffußt.

auf der gesunden Seite tiefer als auf der kranken." [67]

Lahmheitsdiagnose

„Wenn ein Pferd auf dem harten Boden am meisten lahmt, so ist das ein Zeichen, daß ihm das Stützen des Körpers schwerfällt und schmerzt, und dann

---

[67] Dr. U. Fischer, Der Veterinärgehilfe, Hannover 1918 (8. und 9. Aufl.)

Vorboten der Lahmheit

liegt das Übel unter zehn Fällen neunmal im Hufe; zeigt sich aber die Lahmheit am meisten auf weichem Boden, so liegt das Uebel in den Muskeln und Sehnen, welche zum Fortbewegen dienen." [68]

Vorboten der Lahmheit

Der alte Stallmeister sah die ersten Anzeichen einer Spaterkrankung darin, daß das Pferd auf dem befallenen Bein nicht gern angaloppierte. Sitzt der Spat links, so wird der Rechtsgalopp vermieden und umgekehrt.
Auch andere Lahmheiten können sich

[68] L. von Hendebrand und der Lasa, Das Pferd des Infanterie-Offiziers, Leipzig 1878

Wenn das Pferd auf beiden Händen bereitwillig angaloppiert, liegt gewöhnlich keine Lahmheit vor.

auf diese Weise ankündigen. Es ist deshalb z. B. auf Distanzritten ein einfacher Test der Befindlichkeit des Pferdes, es gelegentlich einmal rechts und einmal links angaloppieren zu lassen. Springt es auf beiden Beinen gern an, ist gewöhnlich alles in Ordnung.

Wer rastet, rostet

Die heute übliche Praxis, lahmende Pferde zu tagelanger, völliger Boxenruhe zu verdammen, ist nicht im Sinne des alten Stallmeisters. Mindestens

Lahmheit

zweimal täglich eine halbe Stunde sollte das Pferd sich frei bewegen können. Tobt es dabei sehr, so kann man es auch herumführen. Ideal ist ein ganztägiger Aufenthalt in Ausläufen, die Bewegung im Schritt erlauben, aber keinen besonderen Anreiz für Galoppaden liefern. Eine Ausnahme bilden hier natürlich Pferde, denen der Tierarzt – zum Beispiel nach Operationen – strenge Boxenruhe verordnet hat.

Angelaufene Sehnen

Um dem Anlaufen von Pferdesehnen vorzubeugen, ließ der alte Stallmeister die Tiere nach der Arbeit mit einer Lotion nach dem folgenden Rezept einreiben:
1 Liter guter Spiritus
50 Gramm Kampfer
100 Gramm Terpentinöl
50 Gramm Schwefeläther
Vor Gebrauch schütteln!
Anschließend wurden die Beine mit Wollbandagen versehen.

Umschläge – warm oder kalt?

Grundsätzlich gilt, daß man frische, sehr warme Schwellungen mit kalten Umschlägen verarztet, ältere Schwellungen bzw. Verletzungen oder Krankheiten, die eine Langzeitbehandlung benötigen, mit warmen. Die meisten kalten Umschläge sind ja ohnehin so angelegt, daß sie am Pferdebein warm werden und somit die Wärmebehandlung auf die Kältebehandlung folgt.

Kühlung in Eiswasser

Mußte ein krankes Pferdebein oder ein Satteldruck gekühlt werden, so empfahl der alte Stallmeister, dem Wasser kleine Eisstücke beizugeben. In Eiswasser darf jedoch nie länger als eine halbe bis eine Stunde gekühlt werden, und es ist darauf zu achten, daß die Eisstückchen nicht mit der Haut in Berührung kommen. Ansonsten besteht Gefahr für die Blutzirkulation in

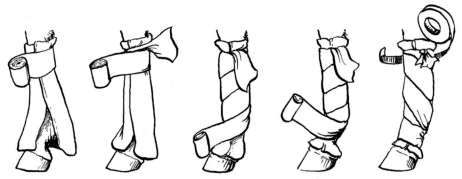

So werden Kompressen und Umschläge mit Wollbandagen befestigt.

Umschläge

den erkrankten Bereichen. Sie kann bis zum Absterben von Gewebe verlangsamt werden. Der Stallmeister ließ die Beine des Pferdes vor dem Bad mit Leinenbandagen versehen, bzw. füllte das Eis zum Kühlen von Satteldruck in Leinensäckchen.

Kühlender Quark

So'n Quark ...

Zur Behandlung frischer Sehnenschäden oder einfach zur Erfrischung nach einem langen Ritt bietet sich eine Quarkpackung an. Dazu wird Quark auf das Bein – oder auch die Sattellage – aufgetragen und abgewaschen, sobald er trocken und hart zu werden beginnt.

Retterspitz

Umschläge mit Retterspitz (Kräuterextraktmischung) wirken hervorragend gegen angelaufene Sehnen. Eine Kompresse wird in kaltes Wasser getaucht, dann in Retterspitz (aus der Apotheke) getränkt und um das Pferdebein gewickelt. Darüber kommen Wollbandagen. Die Packung bleibt etwa zwei Stunden am Pferd und wird dann erneuert. Dank seiner desinfizierenden Wirkung kann Retterspitz auch auf offene Wunden aufgetragen werden.

Solche – grundsätzlich kalten! – Retterspitz-Umschläge wirken auch sehr gut vorbeugend gegen dicke Sehnen, also z. B. nach langen Ritten, oder wenn man gezwungen ist, ein Offenstallpferd in der Box übernachten zu lassen. Ein Abschwammen der Sattellage mit Retterspitz wirkt entspannend nach dem Reiten und beugt Schwellungen durch Satteldruck vor.

Fast noch besser wirkt Retterspitz, wenn man ihn mit Quark anrührt. Ein Quark-Retterspitz-Umschlag bewährt sich unter anderem gegen Insektenstiche bei Roß und Reiter.

Lehmumschläge

Bei allen Entzündungen am Pferdebein griff der alte Stallmeister gern zu Lehmumschlägen oder Lehmwasserpackungen. Für die letzteren wird Lehmpulver mit Wasser und einem Schuß essigsaurer Tonerde angerührt,

Lahmheit

Erfrischend und heilsam – ein Hufbad in fließendem Wasser

bis eine milchige Flüssigkeit entsteht. Damit tränkt man eine Kompresse, legt sie auf und fixiert sie mit einer Wollbandage.
Der Lehmbrei entsteht durch Vermengung von Lehmpulver mit weniger Wasser bzw. mit Kräuterabsud aus Arnika, Kamille, Spitzwegerich oder Waldschachtelhalm. Er wird auf die erkrankten Stellen aufgetragen und verbleibt da, bis er antrocknet. Auch die Lehmwasserpackung bleibt mindestens eine Stunde, bei gut getränkter Kompresse auch über Nacht, am Bein. Man kann die Lehmpackung warm oder kalt verabreichen. Bei warmen Umschlägen immer mit Wollbandagen fixieren!

Lehmumschläge vorbereiten macht etwas Arbeit.

Vorbeugung gegen Gallen

Auch eine Prießnitzpackung mit Lehmbrei ist möglich. Dazu wird zunächst der Lehmbrei aufgestrichen, darüber kommt eine Plastiktüte und danach die übliche Wollbandage.
Lehm gibt es in Lehmgruben oder Ziegeleien. Man läßt ihn in der Sonne (oder im Heizungskeller) trocknen, zerstößt ihn anschließend mittels Mörser und siebt das so entstandene Lehmpulver noch einmal durch. Wenn es möglicherweise mit Wunden in Berührung kommen könnte, sollte man es in der Backröhre bei 200 Grad Celsius sterilisieren.

Vorbeugung gegen Gallen

Gallen sind Auswölbungen im Bereich von Gelenken. Sie entstehen durch übermäßige Produktion von Gelenkschmiere und sind meist harmlose Schönheitsfehler. Die beste Vorbeugung gegen Gallen ist ein feuchter, aber gut ausgewrungener Umschlag, der mit Wollbandagen umwickelt wird. Er wird nach dem Reiten angebracht und bleibt mindestens vier Stunden am Pferd, idealerweise so lange, bis er getrocknet ist.
Sind bereits Gallen vorhanden, so bekämpft man sie durch ein zusätzliches Bad des Beins nach Abnehmen des Umschlags. Das Bein wird dazu einige Minuten in einen Eimer Wasser (Temperatur ca. 12–15 Grad Celsius) gestellt oder gründlich abgeschwammt, anschließend trockenmassiert.
Unter Pferdehändlern des 19. Jahr-

Beinwell – Seine Wurzel wirkt desinfizierend und heilend bei Wunden und vorbeugend gegen Sehnenprobleme.

hunderts galt übrigens das folgende Rezept gegen Gallen als Geheimtip. Der Prüfung durch Tierärzte soll es allerdings nicht standgehalten haben, und es drängt sich der Verdacht auf, daß das intensive Massieren der Galle hier stärker für die Wirkung verantwortlich war als das Einreibemittel.
„Sie lassen 2 Loth Alaun in den Weißen von drei Eiern zerfließen und setzen allmälig ca. 8 Loth Branntwein oder Spiritus zu, bis eine leidliche Mischung zu Stande kommt. Vor Anwendung dieses Mittels wird die Galle mit einem Strohwisch stark gerieben und zwar

————————— Lahmheit —————————

so lange bis sie warm wird, dann reibt man mit der Hand fort und dabei die angegebene Salbe ein. Kann man außerdem das Thier acht Tage stehen lassen, so soll das Zurücktreten der Galle stets erfolgen."[69]

Gallen – meist nur ein Schönheitsfehler

Kohl für die Sehnen

Bei Sehnenscheidenentzündung oder anderen Sehnengeschichten hilft ein altes ostpreußisches Rezept. Man braucht dazu ein Weißkohlblatt, das man zunächst mit einer Nudelrolle plattwalzt. Dann umwickelt man damit das kranke Gelenk und umgibt die Kohlkompresse mit einem wasserundurchlässigen Verband – heute wählt man dazu am besten eine Plastiktüte. Fixiert wird alles mit einer Wollbandage. Der Verband bleibt mindestens zwei, bis zu drei Tage am Pferdebein, und meist ist hinterher eine deutliche Besserung erkennbar.
Übrigens: Wie die meisten der hier genannten Rezepte funktioniert die Kohlblattkur auch am Reiterbein.

Salzwasser

Waschungen mit warmem Wasser, dem eine Handvoll Kochsalz oder Epsomer Bittersalz pro Eimer beigemischt wird, sind ein weiteres Mittel gegen Sehnenscheidenentzündungen und andere Entzündungen am Pferdebein. Das Bein wird dazu in einen Eimer Wasser gestellt und zusätzlich mit Hilfe eines Schwammes berieselt.

Gelatine

Wenn ein Pferd im Training stark beansprucht wird bzw. wenn es gerade eine Lahmheit auskuriert, stärkt ein Eßlöffel gemahlene Gelatine täglich den Bewegungsapparat. Die Gelatine wird dem Futter beigemischt und gewöhnlich problemlos mitgefressen.

---

69 Zürn, Friedrich Anton: Ueber die Betrügereien beim Pferdehandel, Leipzig 1864

Sehnenprobleme

Salzwasserkur gegen Sehnenprobleme

Neurektomie
Der berühmte und berüchtigte Nervenschnitt, uns hauptsächlich als fragwürdige Therapie bei Hufrollenentzündungen bekannt, war schon in der ersten Hälfte des 19. Jahrhunderts bei englischen Roßtäuschern gang und gäbe. Frederick Taylor, Autor eines Buches über Pferdehandel und Pferdezucht bemerkt dazu:
„Wenn nämlich ein Pferd lahm geht, und zwar hauptsächlich wenn es an der Hufgelenkklahmheit leidet, wird demselben der, den betreffenden Fuß mit Gefühl ausstattende Nerv durchschnitten, und das Thier geht dann, wie ein gesundes Pferd; jedoch, wenn es auch von seiner Lahmheit befreit worden ist, so wird es weder zum Reiten, noch zum Fahren mit Sicherheit benutzt werden können, weil der operirte Fuß gefühllos ist."[19]
Taylor und seine Nachfolger predigten tauben Ohren. Der Einsatz neurektomierter Pferde im internationalen Springsport ist bis heute nicht verboten ...

---
[19] Taylor, Frederick: Pferdehandel und Pferdezucht in England, zitiert nach: Zürn, Friedrich Anton: Ueber die Betrügereien beim Pferdehandel, Leipzig 1864.

Lahmheit

Hilfe bei Kreuzverschlag

Erkrankt ein Pferd an Kreuzverschlag, so helfen Wärmepackungen im Rücken-Nierenbereich. Man kann die Wärme mit Hilfe eines Bügeleisens erzeugen, das man über eine aufgelegte Wolldecke führt. Der alte Stallmeister hielt auch viel von heißen Kartoffelumschlägen. Dazu werden die gekochten Kartoffeln zerstampft und als Umschlag aufgebracht. Unter einer Wolldecke hält der Kartoffelumschlag lange feuchte Wärme.

Die Wärmebehandlung kann innerlich unterstützt werden, indem man den Pferden kleingehacktes Tausendgüldenkraut unter das Heu mischt. Die Behandlung durch den Tierarzt ersetzen diese Rezepte aber selbstverständlich nicht!

Heiße Umschläge lindern die Schmerzen bei Kreuzverschlag.

Meerrettich gegen angelaufene Beine

Bis zu einem halben Pfund Meerrettich täglich fütterte man im 18. Jahrhundert, wenn das Pferd zu angelaufenen Beinen neigte. Auch Senfpulver, mit Honig vermischt, sollte hier helfen. Unzweifelhaft trugen diese, wie alle entwässernden Mittel, zum Abschwellen der Beine bei. Die beste Vorbeugung gegen angelaufene Beine ist jedoch regelmäßige Bewegung. Bei Pferden, die im Offenstall oder im Laufstall leben, ist das Problem fast unbekannt.

Mauke

Zur Vorbeugung gegen Mauke kann man Stallpferden bei winterlichen Ausritten die Fesselbeuge mit Vaseline oder Rizinusöl einreiben. Nach dem Ritt wird sie dann in trockene Wollbandagen, eventuell mit Watteeinlage gewickelt, bis sie trocken ist, dann eventuell noch massiert. Bei Offenstallpferden ist das unnötig, denn sie entwickeln einen kräftigen Kötenbehang, der die Fesselbeuge schützt und trockenhält.

Eine schon bestehende Mauke behandelte der alte Stallmeister mit reinem Honig oder einer Mischung aus Honig und Schweineschmalz. Darüber kam eine saubere, trockene Kompresse, die mit Wollbandagen fixiert wurde. Unterstützend bei dieser Mauke-Behandlung wirkte die Gabe eines leich-

―――――― Mauke ――――――

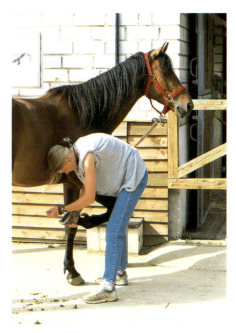

Bei der regelmäßigen Hufkontrolle fallen Veränderungen sofort auf.

Homöopathie gegen Mauke

Der Glaube der alten Kavalleristen in die Homöopathie war meist eingeschränkt. Trotzdem hielt die Heilmethode schon 1878 Einzug in die Ställe: *„Für diejenigen Herren, welche Vertrauen zur Homöopathie haben, sei bemerkt, daß gerade bei der Mauke die Anwendung von täglich fünf Tropfen Tuja in der dritten Potenz von ausgezeichneter Wirkung sich bewährt hat."*[70]

Vorbeugend und heilungsunterstützend soll bei Mauke auch die Fütterung von Meerrettich wirken. Nach einem Rezept von 1787 gab man dem befallenen oder gefährdeten Pferd täglich ein bis zwei Handvoll ins Futter. Außerdem empfahl der Tierarzt die Anwendung der folgenden „Aegyptischen Salbe":

„Hierzu nimmt man 4 Loth fein gestossenen Spangrün, ein Viertelpfund und 12 Loth Honig, und kocht es in einem so großen Topf, daß es beim Schäumen nicht überkochen kann.

Dieser Salbe kann man sich bedienen, um Mauk oder Rasp auszutrocknen, wenn selbige fließen ... Sie ist austrocknend und widersteht der Fäule."[71]

ten Abführmittels wie 100 Gramm Glauber- oder Bittersalz. Ob zwischen hoher Eiweißfütterung und der Neigung zu Mauke Zusammenhänge bestehen oder nicht, ist bisher nicht geklärt. Der alte Stallmeister pflegte Maukepferden jedoch grundsätzlich die Kraftfutterration um mindestens die Hälfte zu kürzen und eher etwas Weizenkleie zu füttern.

―――
70 L. von Hendebrand und der Lasa, Das Pferd des Infanterie-Offiziers, Leipzig 1878

71 Abildgaard, P. Chr.: Pferde und Vieharzt in einem kleinen Auszuge, Kopenhagen und Leipzig 1787

———————— Lahmheit ————————

Enzian – nicht nur als Schnaps zu empfehlen.

Und noch mehr Rezepte ...

Bei Mauke empfahlen alte Tierärzte Leinsamen-Breiumschläge, wobei man der Mischung mitunter eine Unze fein gepulverter Holzkohle zufügte. Als absolut ungefährlich und angeblich sehr wirksam galten auch Umschläge aus gekochten und gequetschen gelben Rüben. Wenn dies zum Abklingen der Entzündung beigetragen hatte, nahm man Waschungen mit Eichenrindendekokt vor. Die gleiche Wirkung hat heute eine Waschung mit Tannolakt-Bad aus der Apotheke.

Strahlfäule

Gegen Strahlfäule hilft eine Salbe aus 50 Prozent Zinkoxyd, 5 Prozent Zinkchlorid und 45 Prozent destilliertem Wasser. Man kann sie sich in der Apotheke anmischen lassen. Der Huf wird täglich zweimal damit eingerieben, in schweren Fällen trägt man die Paste auf Wattebäusche auf und drückt sie in die Strahlfurche. Besser als jede Behandlung ist aber Vorbeugung gegen Strahlfäule: Saubere Ställe und Ausläufe, Weidegang im Sommer, häufige Bewegung im Gelände und gelegentliches Einteeren der Hufunterseite.

Hufgeschwüre

Hufgeschwüre, die er reifen und aufbrechen lassen wollte, behandelte der alte Stallmeister mit einer Kartoffelpackung.
Die Erdäpfel werden dazu gekocht und anschließend leicht zerstampft. Dann füllt man sie in einen Sack und bindet diesen, so warm wie möglich, um den Huf. Die Kartoffeln bringen feuchte Wärme an den Huf und lassen die Entzündung schneller reifen.
Wenn man ein Pferd hat, das gut im Eimer steht, kann man den Huf dazu auch gleich in warmes Wasser stellen. Auch ein Prießnitzumschlag – Huf mit feuchtem Lappen umwickeln, darüber eine Plastiktüte und darüber Wollbandagen – tut dieselbe Wirkung.

Kleieumschlag

Bei Hufgeschwüren kann auch ein Kleieumschlag Wunder wirken. Man

Hufrehe

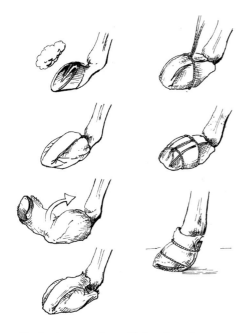

So legt man einen Hufverband an:
Watte auflegen
Pergament darüber (evtl. Gazebinde zusätzlich)
Mit Sackleinen umwickeln
Sackleinen umschlagen
Verschnüren
Fertiger Verband
Soll der Huf gegen Feuchtigkeit geschützt werden, umwickelt man den Verband mit breitem Klebeband.

Hilfe bei Hufrehe

Hufrehe behandelte der alte Stallmeister mittels Wechselbädern. Sie ergänzen sowohl alte veterinärmedizinische Behandlungen wie den Aderlaß als auch moderne mit Injektionen. Der Pferdehuf wird dazu abwechselnd in einen Eimer mit kaltem und warmem Wasser gestellt. Er kann im warmen etwa eine Stunde, im kalten eine halbe bis eine ganze verbleiben.
Feuchter Untergrund ist überhaupt gut für den Rehehuf. Die Unterbringung des Pferdes in Sand- oder Matschausläufen ist heilungsfördernd. Auf die Weide geschickt werden darf das Pferd allerdings nicht, denn das frische Gras begünstigt die Rehe. Heilungsfördernd bei Rehe ist immer auch Bewegung. Wenn der Zustand des Pferdes es eben erlaubt, sollte es neben der Möglichkeit zu freier Bewegung eine halbe Stunde am Tag spazierengeführt werden.
In alten Büchern liest man viel von der heilsamen Wirkung des Einstellens eines Rehepferdes in fließendes Wasser. Heute haben leider nur wenige Pferdebesitzer einen Bach vor der Haustür. Die oben beschriebene Behandlung mit Wechselbädern ersetzt die Fließend-Wasser-Behandlung aber sehr gut.

Ein Trick zum Bandagieren

Wenn man einem Pferd mit langem, üppigem Behang die Hinterbeine bandagiert, ist oft der Schweif im Weg.

verrührt dazu Weizenkleie mit sehr warmem Wasser zu einem dicken Brei, legt ihn auf die Hufunterseite und bindet eine Plastiktüte darum. Zum Fixieren verwendet man Jute oder Stücke einer alten Wolldecke.

——————— Lahmheit ———————

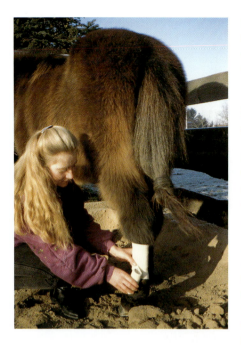

Ein einfacher Knoten, und der Schweif ist beim Bandagieren aus dem Weg!

Beim Anlegen komplizierter Verbände kann das recht lästig sein. Die Lösung ist ein Knoten im Schweif, der nach der Behandlung wieder gelöst wird.

Kräuter und Wurzeln für gesunde Beine

Beinwellwurzel kräftigt Sehnen und Bänder. Man kann die Wurzel ausgraben, säubern und verfüttern oder auch in getrocknetem Zustand kaufen. Auch eine Mischung aus Beinwellwurzel (Comfrey), Eichenrinde, Eibischwurzel, Haselnußblättern und Enzianwurzel – als Tee oder zerrieben als Futterzusatz – trägt zur Gesunderhaltung des Bewegungsapparates bei. Sie ist besonders bei Pferden zu empfehlen, die gern Holz benagen oder Erde fressen. Die Kräuter enthalten nämlich viele Mineralien und Spurenelemente.

Verdauungsprobleme

Verdauungsprobleme

Magenfreundlich ...

Als Vorbeugung gegen Koliken und Durchfälle besonders bei Weideauftrieb gab der alte Stallmeister den Pferden mehrmals täglich eine Handvoll blühenden, weißen Andorn (Marrubium vulgare), frisch oder getrocknet. Ein Teelöffel Andornsaft tut dieselbe Wirkung.

und gedeiht auf sandigem Boden besonders gut.

Durchfall

Litt ein Pferd unter Durchfall, so verschrieben Tierärzte des 18. Jahrhunderts einen Trank aus zwei Lot Enzianwurzel, mit einem halben Liter Bier ge-

Alte Roßärzte kannten oft nützliche Rezepte.

Da Andorn hierzulande immer seltener wird und vom Aussterben bedroht ist, sollten Sie ihn aber keinesfalls händeweise ernten. Falls Sie eine Stelle finden, auf der er wächst, sammeln Sie lieber Samen zur Zeit der Reife und siedeln Sie die Pflanze in Ihrem eigenen Garten an. Weißer Andorn bevorzugt warme und windgeschützte Plätzchen

kocht. Dazu fügte man ein halbes Lot Theriak. Statt Enzian konnte auch Rhabarber eingesetzt werden, was uns heute befremdlich erscheint, gilt doch Rhabarber eher als verdauungsförderndes Mittel.[72]

---

72 Abildgaard, P. Chr.: Pferde und Vieharzt in einem kleinen Auszuge, Kopenhagen und Leipzig 1787

„Pizzakraut" für Pferde

Wenn`s gluckst...
Das glucksende Geräusch, das Hengste und Wallache oft erzeugen, wenn sie traben, aber noch nicht ausreichend gelöst sind, erklärte man 1878 damit, daß der Schlauch des Pferdes etwas zu groß geraten sei, und die Eichel sich nun frei – und glucksend! – darin bewegen könne. *"Es verschwindet jedoch gleich, wenn man etwas Werg oder Leinwand in den Schlauch schiebt und die Bewegung der Eichel hindert."*[20]
Tatsächlich ist das Geräusch auf Luftansammlungen im Blinddarm oder in anderen Darmteilen zurückzuführen, und natürlich hilft es nicht das Geringste, Ihrem Hengst oder Wallach die Genitalien abzupolstern ...

---
[20] Hippologische Mittheilungen und Notizen über die Natur, Eigenschaften, Pflege und Verwendung des Pferdes, Friedrich Beck, Wien 1878

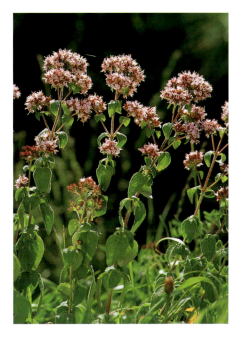

Oregano wächst im Süden oft wild und ist ein hervorragendes Urlaubsmitbringsel für Ihre Pferde.

„Pizzakraut" für Pferde

Oregano, von den meisten von uns hauptsächlich als Würze für Pizza und Spaghettisaucen geschätzt, ist ein hervorragendes Mittel gegen Magen-Darmerkrankungen. Unter das Futter gemischt, heilt das getrocknete Kraut Durchfälle und normalisiert die Verdauung. Es wirkt stoffwechselanregend und krampflösend. Im Mittelmeerraum wächst Oregano übrigens oft wild. Man kann seinen Urlaub nutzen, um einen Vorrat davon anzulegen. Es ist auch möglich, die Pflanzen im eigenen Garten heimisch zu machen. Sie bevorzugen warme Ecken und trockenen, durchlässigen Boden.

Hopfen und Malz

Hopfen verhindert oder hemmt Gärungsvorgänge in Magen und Darm

Verdauungsprobleme

und ist somit ein altbewährtes Mittel zur Vorbeugung und Bekämpfung von Blähungen bei Pferden und anderen Haustieren. Zur Vorbeugung gegen Koliken und Steigerung der Freßfreude mischt man den Pferden kleine Mengen von Hopfenmehl oder frischen oder getrockneten Hopfenblüten unter das Futter.

Bei schon bestehenden Blähungen pflegte der alte Stallmeister eine Handvoll Hopfenblüten und zwei Handvoll Kamillenblüten mit 1/2 Liter angewärmtem Bier, möglichst Schwarzbier, zu übergießen. Die Mischung wurde dem Pferd eingeflößt, wirkt aber sicher auch beruhigend auf das Stallpersonal ...

Darmentleerung durch Aufregung

Schon früh beobachteten alte Kavalleristen und Stallmeister, daß Pferde zum raschen Entleeren des Darmes neigen, wenn sie in Erregung geraten. Der Kot kann durchfallartig werden, festigt sich aber schnell wieder, sobald die Aufregung vorüber ist.

"Der Militärarzt P. benutzte diese Erfahrungen bei der Behandlung leichter Fälle von Kolik: Er ließ das kranke Pferd mit verbundenen Augen herumführen, und es gelang ihm in mehreren Fällen, die regelmäßige Arbeit der Drüsen wieder herzustellen ... Dem Pferde wird dadurch, daß es in Finsternis versetzt wird, Furcht eingejagt; die Furcht wirkt auf den Darm, und so wird der Heilerfolg auf einem Umwege erreicht."[73]

Mir riet ein alter Tierarzt zu einem ähnlichen Trick. Er empfahl uns, einen leichten Koliker auf den Pferdehänger zu stellen und einmal um den Block zu fahren. Die Aufregung des Transports regt oft die Verdauung an.

Aufregung bringt die Verdauung in Gang.

Rezepte gegen Kolik

Bei Kolikanfällen wird das Pferd warm eingedeckt, und man kann ihm den Unterbauch und die Ohren massieren oder es herumführen, bis der Tierarzt eintrifft. Ist keiner zu erreichen, greift

---

73 Máday, Dr. Stefan v.: Psychologie des Pferdes und der Dressur, Berlin 1912

Rezepte gegen Kolik

man besser zu einem alten Hausmittel, als völlig tatenlos zu bleiben.
Man löst 10 Aspirin-Tabletten in einer Kanne lauwarmen, schwarzen Kaffee auf, füllt drei Eßlöffel Rizinusöl und 1/4 Liter Leinöl dazu und gibt dem Pferd die Mischung ein. Dazu schüttet man die Flüssigkeit in eine Plastikflasche, schiebt diese in die Lücke zwischen Vorder- und Backenzähnen und gießt schluckweise Kaffee die Kehle hinunter.
Die Beschreibung dieses Verfahrens klingt natürlich abenteuerlich, und man wird es selbstverständlich nicht anwenden, wenn eine Alternative bleibt. Es hat aber schon Hunderten von Pferden das Leben gerettet und wird von englischen und deutschen Tierärzten empfohlen.

Mit einem noch drastischeren Rezept rückten übrigens ostpreußische Stallmeister ihren Kolikern zu Leibe. Sie füllten eine 0,7-Liter-Flasche zu je einem Drittel mit starkem Kaffee, Schnaps und Salatöl. Auch warmes Bier galt als probates Mittel gegen Bauchschmerzen.

Verdauungsprobleme sind immer bedrohlich!

Alle hier genannten Tips zur Kolikbehandlung sind Erste-Hilfe-Maßnahmen. Sie können eine Tierarztbehandlung auf keinen Fall ersetzen. Verdauungsprobleme bei Pferden sind fast immer lebensbedrohend. Insofern ist es leichtsinnig, erst einmal abzuwarten

Ruhige Bewegung kann bei Kolik lindernd wirken.

Verdauungsprobleme

Weißer Andorn (Marrubium vulgare)

wird. In der Folge von chronischen Durchfällen kann es zu einer akuten Darmentzündung mit dramatischem Verlauf kommen. Das ist zwar so selten, daß die Gefahr oft außer acht gelassen wird, führt dann aber fast immer zum Tod des betroffenen Pferdes.

Einläufe

Bis vor wenigen Jahren wurden Koliken auch mittels Einläufen behandelt. Dazu wurden dem Pferd 8–10 Liter warmes Wasser mittels Klistierspritze in den Enddarm gespritzt. Für die Nerven des Patienten war das sicher schonender als die heute übliche Verabreichung einer Leinöl-Wassermischung mittels Nasenschlundsonde, und eine gewisse Wirkung ist der Methode auch nicht abzusprechen.

oder Hausmittel anzuwenden, bevor man den Tierarzt ruft.
Das gilt übrigens nicht nur für akute Kolikanfälle. Auch Durchfallerkrankungen sind sehr ernst zu nehmen. Lassen Sie bei länger anhaltenden und nicht durch Futterumstellungen (Weideauftrieb) verursachten Durchfällen grundsätzlich eine Blutuntersuchung vornehmen und die Eiweißwerte bestimmen. Falls die sich als zu niedrig herausstellen, muß unbedingt eine sorgfältige Behandlung, eventuell in einer Tierklinik, erfolgen. Ziehen Sie unter Umständen auch einen Heilpraktiker hinzu, falls die Tierärzte nicht weiter kommen, und bestehen Sie darauf, daß die Krankheit ernst genommen

Ein Rezept für alle Fälle
Es ist ein alter schlesischer Aberglaube, daß ein Pferd das ganze Jahr gesund und fit bleibt, wenn man es in der Neujahrsnacht mit selbstgestohlenem Kohl füttert.
Wenn Sie also auf Nummer Sicher gehen wollen: Der Gesundheit Ihres Pferdes ist es sicher zuträglicher, wenn Sie Silvester auf Blätterklau gehen, als wenn Sie Feuerwerkskörper auf seiner Weide abbrennen!
Aber Vorsicht: Mehr als ein oder zwei Kohlblätter pro Pferd können Koliken verursachen!

Massagen

Bis der Tierarzt eintrifft, sollte man einem Koliker auf jeden Fall sanft den Unterbauch massieren, z. B. mit einem Strohwisch. Dazu reibt man mit langen, sanft drückenden, ruhigen Strichen, immer von vorn nach hinten.
Man kann ruhig mit beiden Händen arbeiten, und wenn man zu zweit ist, sollte jeder auf einer Seite des Pferdes massieren.

Feuchtwarme Packungen

Eine feuchtwarme Packung, so eine Art künstlich erzeugtes Schwitzbad, regt den Stoffwechsel an und wirkt auch beruhigend auf Koliker. Dazu wird ein Bettlaken in etwa 18 Grad Celsius warmes Wasser getaucht und gut ausgewrungen. Man faltet es so, daß es den Pferderücken vom Widerrist bis zur Kruppe bedeckt und an beiden Seiten gleich lang herunterhängt. Darüber wird eine Wolldecke gelegt und mit zwei Deckengurten fixiert.
Solche Packungen erwärmen sich am Pferdeleib und sollten mindestens eine Stunde am Pferd bleiben. Sie unterstützen die Behandlung des Tierarztes.

Wälzen erlaubt

Die Lehrmeinung, einem Kolikpferd dürfe das Hinlegen und Wälzen nicht gestattet werden, ist heute längst widerlegt. Tatsächlich gibt es keine Darmverschlingung durch Wälzbewegungen, sonst wäre eine solche Erkrankung viel häufiger.
Oberst Spohr betrachtete das Wälzen der Koliker 1889 sogar als „instinktmäßige Naturhülfe".

Fütterung von Kolikern

Man bringt die Darmflora nach einem Kolikanfall schnell wieder in Ordnung, indem man Leinsamenschleim füttert. Diese Kur ist sehr schonend und funktioniert sogar schon bei Fohlen. Wenn das Pferd sich weigert zu fressen, kann man den Leinsamenschleim mit Hilfe einer alten Wurmkurpackung eingeben. Das Einverständnis des Tierarztes muß natürlich vorher eingeholt werden.

Warme Packungen entspannen den Koliker und sind eine hervorragende Erste-Hilfe-Maßnahme.

Verdauungsprobleme

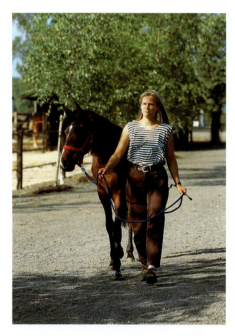

Führen bei Kolikbeschwerden beruhigt Pferd und Besitzer, bis der Tierarzt kommt.

Übrigens vertragen kranke Pferde – auch und gerade Koliker – Apfel- bzw. Möhrenmahlzeiten wesentlich besser als Hafer und anderes Kraftfutter.

Koliknachsorge

Nach Verstopfungskoliken regt dieser Tee die Verdauung schonend an:
30 Gramm Löwenzahn
10 Gramm Bitterklee
20 Gramm Tausendgüldenkraut

10 Gramm Faulbaum
10 Gramm Wacholderbeeren
10 Gramm Thymian
Etwa eine Handvoll mit kaltem Wasser ansetzen, nach 2 Stunden einmal kurz aufkochen und abgießen.
Am besten verfüttern Sie den Tee mit Leinsamen und Weizenkleie, also in einer Mash-Mischung.

Buttermilch und Joghurt

Wenn Pferde Probleme mit der Darmflora haben, also häufig unter Durchfällen und Koliken zu leiden haben, verschreiben Tierärzte Präparate mit Milchsäurebakterien. Denselben Effekt erzielte der alte Stallmeister mit der Gabe von Buttermilch oder Joghurt. Einem Großpferd gibt man dazu drei Liter Buttermilch oder zwei Becher Joghurt am Tag, zusammen mit dem Kraftfutter. Mag das Pferd das nicht sofort, kann man ihm die Milcherzeugnisse mit etwas Traubenzucker versüßen.

Abgang von Darmpech bei Fohlen

In den ersten Tagen nach der Geburt eines Fohlens wird das Darmpech abgegeben. Der schwarze, extrem harte Kot besteht aus vorgeburtlichen Stoffwechselprodukten. Besonders Hengstfohlen haben oft Probleme, ihn durch die von den Beckenknochen gebildete Knochenpforte hindurchzudrücken.

Abführmittel für Fohlen

Besonders Hengstfohlen haben oft Probleme beim ersten Misten.

Der alte Stallmeister verordnete ihnen deshalb vorsichtshalber ein Abführmittel: je 150 Gramm Muttermilch und Paraffinöl, zwei Löffel Rizinusöl. Die Mischung wird dem Fohlen mit einer Milchflasche eingegeben und erleichtert ihm das erste Misten erheblich.

Wer nicht gleich zum Abführmittel greifen will, kann dem Fohlen auch ein Einwegklistier aus der Apotheke verabreichen. Bei Einbringen dieses Mittels in den Darm müssen Sie aber damit rechnen, daß der kleine Kerl reflexhaft nach Ihnen ausschlägt. Strafen Sie ihn dafür auf keinen Fall. Er ist noch viel zu jung für die erste Erziehung! Zur weiteren Erweichung des Kotes und „Schmierung" des Darms sollten Sie dann Leinsamenschleim füttern. Man gibt ihn dem Fohlen mit einer Kälberspritze ins Maul und stellt meist nach wenigen Behandlungen fest, daß der Nachwuchs Geschmack an dem glibberigen Zufutter findet.

Das Übel an der Wurzel packen

Freßunlustigen Pferden gab man gepulverte, ungeschälte Kalmuswurzeln in kleinen Mengen ins Futter. Auch ein Teeaufguß daraus ist wirksam.

Kalmuswurzeln verbessern den Appetit – und vielleicht auch die Lernleistung.

Tips, Hausmittel und heilende Kräuter

―――― Hausmittel und Kräuter ――――

Ohrgriff

Unruhige Pferde können durch einen Griff ans Ohr oder Abknicken desselben schnell beruhigt werden. Auch wehrige Pferde lassen dann zum Beispiel Tierarztuntersuchungen oder Behandlungen ohne Zappeln über sich ergehen. Die Methode wirkt besonders gut bei Pferden, die sich sonst ungern am Kopf anfassen lassen.

Auch mit einer Massage der Ohren erzielt man bei vielen Pferden schnelle Entspannung, denn hier sitzen die Akupressurpunkte für Entspannung und Beruhigung. „Kneten" und sanftes „Langziehen" der Ohren kann Kolikschmerzen lindern und erleichtert bei vielen Stuten die Durchführung einer Tupferprobe oder einer rektalen Trächtigkeitsuntersuchung.

Nervenstärkung

Übernervöse Pferde, die Schauen und Turniere regelmäßig platzen lassen, können bisweilen mit folgendem Kräutertrank beruhigt werden:
Mischen Sie fünf Teile Waldmeister, vier Teile Kamillenblüten, drei Teile Baldrianwurzel, zwei Teile Pfefferminzblätter, ein Teil Anis und geben Sie einen Teelöffel davon in 1/2 Liter kochendes Wasser. Man läßt den Trank kurz aufwallen und dann 15 Minuten ziehen. Er wird warm und zu jeder Mahlzeit verabreicht und kann mit Honig gesüßt werden. Wichtig dabei ist, daß man schon mehrere Tage vor dem Turnier mit der Verfütterung des Nervenstärkers beginnt.

Ohrmassage entspannt

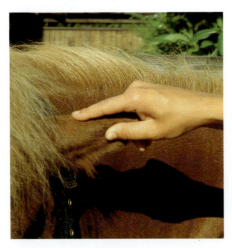 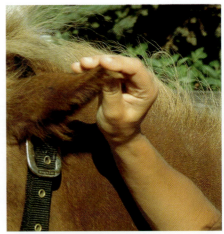

Zug am Schopf

Im vorigen Jahrhundert galt es als Insidertrick, einem ermüdeten Pferd bei der Rast kraftvoll am Schopf zu ziehen. Es sollte sich dann besser erholen und neue Kraft gewinnen. Erklärt wurde der Erfolg der Maßnahme damit, daß dem Tier durch Anziehen des großen Nackenbandes Entspannung verschafft würde. Sehr glaubhaft erscheint diese Theorie jedoch nicht, denn man zieht ja nicht an den Sehnen, sondern löst lediglich einen Hautreiz aus. Außerdem senkt ein ermüdetes Pferd gewöhnlich von allein den Kopf und braucht nicht heruntergezogen zu werden. Wenn also tatsächlich eine Wirkung besteht, dürfte sie eher mit der von Akupressur oder Akupunktur vergleichbar sein. Auch in der TTEAM-Methode wendet man Berührungen zwischen den Augen an, um ein Pferd zu entspannen und ihm die Regeneration zu erleichtern.

Angst wegatmen

Pferde spüren es, wenn ein Reiter oder Pfleger sich fürchtet. Unter anderem bemerken sie das durch die Art unserer Atmung, denn sie nehmen Luftvibrationen sehr genau wahr. Wenn wir also kurz und flach aus dem Brustkorb heraus atmen, registriert das Pferd das und deutet es richtig als Furcht.
Versuchen Sie im Umgang mit nervösen Pferden tief, ruhig und aus dem Bauch heraus zu atmen. Sie werden merken, daß das nicht nur das Pferd, sondern auch Sie selbst beruhigt.
Übrigens kann es verspannte Pferde zum Abschnauben und Entspannen bringen, wenn Sie ihnen praktisch „voratmen". Atmen Sie tief ein, und stoßen Sie die Luft mit einem „erleichterten" Stöhnen aus. Besonders wenn das Pferd schon vom Boden aus Vertrauen zu Ihnen gefaßt hat, wird es sich deutlich strecken und entspannen. Natürlich funktioniert dieser Trick nur, wenn auch Sie bereit sind, sich – und gegebenenfalls die Zügel! – zu lockern und dem Pferd zu vertrauen.

Kauen beruhigt

Wenn sich ein Pferd z. B. beim Aufsteigen des Reiters oder beim Anblick

Kauen beruhigt

— Hausmittel und Kräuter —

eines ungewohnten Gegenstandes versteift, ist es sinnvoll, ihm einen Leckerbissen zu reichen. Das hat nichts mit Bestechung der Sorte „Ich will dir ja alles geben, wenn du jetzt nur nicht durchgehst!" zu tun, sondern wirkt tatsächlich beruhigend. Wenn das Pferd kaut, kann es nämlich nicht gleichzeitig den Atem anhalten. Es atmet folglich tiefer und ruhiger, und mit dem Atem beruhigt sich sein Nervenkostüm.

Johanniskraut wächst auch hierzulande vielerorts wild und kann im Sommer gesammelt und getrocknet werden.

Beim Menschen gibt es dieses Phänomen übrigens auch. Es ist der Grund für den weltweiten Siegeszug des Kaugummis!

Johanniskraut ...

hat als Tee beruhigende Wirkung und soll auch bei Harnwegserkrankungen wirksam sein. Frißt ein Weidepferd jedoch zuviel von der Pflanze, so steigt besonders bei hellhäutigen Tieren die Sonnenempfindlichkeit. Sonnenbrand und Sonnenallergien können die Folge sein.

Alleskönner Eukalyptus

Eukalyptusöl hat sowohl pflegende wie desinfizierende Wirkung – im Prinzip sogar mehr als das zur Zeit so favorisierte Teebaumöl.
Es bewährt sich z. B. bei spröden, bröckelnden Hufen und Hornspalten, aber auch zur Behandlung kleiner Wunden. Sein ausgeprägter Geruch hält die Fliegen fern.
Bei leichten Hustenerkrankungen kann man weiterhin den Kehlbereich des Pferdes damit einreiben und ihm so durch die ätherischen Öle das Durchatmen erleichtern.

Salben selbstgemacht

Beinwell

Wunden und Verletzungen heilen schneller, wenn man eine Beinwellpackung aufbringt. Beinwellwurzeln kann man selbst ausgraben, aber auch getrocknet in der Apotheke kaufen. Für die Packung werden sie zerkleinert bzw. zu Pulver zerstampft und mit heißem Wasser zu Brei verrührt.
Die Packung verbleibt etwa drei Stunden auf der Wunde. Sie kann bei Bedarf erneuert werden.

Wundsalbe selbstgemacht

Bei Ekzemen und kleinen Wunden hilft folgende Salbe: Man kocht eine Zwiebel- und eine Fenchelknolle (kleingehackt), dazu zwei Knoblauchzehen und je eine Handvoll Salbei oder Kamillenteeblätter (aus der Apotheke) mit einem Pfund Lanolin auf und schüttet das Ganze durch ein Sieb. In noch flüssigem Zustand wird die Salbe in kleinere Gefäße abgefüllt. In fest verschlossenen Gläsern oder Dosen kann man sie sehr lange aufbewahren.

Erste Hilfe mit Melkfett

Bei kleinen Wunden, Rissen und Hautabschürfungen griff der alte Stallmeister zum Melkfett. Es macht die Haut geschmeidig und hat heilende Wirkung. Melkfett empfiehlt sich auch zum Einreiben der Maulwinkel, wenn die Haut dort im Sommer spröde wird.

Salbe gegen Juckreiz

Gegen Juckreiz verursachende Hautkrankheiten aller Art mischte der alte Stallmeister die folgende Salbe:
1 Unze Schwefelblumen, 1 Unze Lebertran und 1/2 Unze Terpentin. Etwa jeden fünften Tag muß die Salbe aber mit Wasser und Seife aus dem Fell gewaschen werden. Das alte Fett verursacht sonst seinerseits Juckreiz.[74]

„Augentrost"

Wie der Name schon sagt, hilft der „echte Augentrost" (Euphrasia officinalis) gegen Bindehautentzündungen und -katarrhe. In leichten Fällen kann

Hautfreundlich – selbstgemachte Wundsalbe

---

[74] Hering, C.: Das Pferd, seine Zucht, Behandlung, Structur, Mängel und Krankheiten, Stuttgart 1840

man die Augen mit Augentrosttee auswaschen. Dazu gießt man 3 Teelöffel des getrockneten Krautes mit 1/4 Liter Wasser auf und läßt es 15 Minuten ziehen.
Bindehautkatarrhe behandelt man innerlich mit einer Lösung von 20 Tropfen Augentrost-Tinktur auf 60 Gramm Wasser, mehrmals täglich verabreicht. Dabei sind sogar in schweren, mit Nasenkatarrh und vermehrter Schleimlösung verbundenen Fällen Erfolge erzielt worden. Zur Erstellung von Augentrost-Tinktur wird 150 Gramm frisches, blühendes Augentrostkraut zerkleinert und in 1 Liter 70prozentigem Obstbrand 14 Tage lang angesetzt. Täglich gut schütteln. Anschließend abseihen und den Rückstand mit 1/4 Liter abgekochtem und ausgekühltem Wasser 3 Stunden ziehen lassen. Das wird filtriert und dem Auszug beigefügt. Nach weiteren 14 Tagen Lagerung ist die Mischung gebrauchsfertig. Will man sich diese Mühe nicht machen, so sind in der Apotheke mannigfaltige Fertigpräparate erhältlich. Auch das homöopathische Mittel Euphrasia officinalis bringt hervorragende Wirkung. Für Spülungen mischt man 30–50 Tropfen der Urtinktur mit 1/4 Liter warmem Wasser.
Augentrost ist übrigens nicht vom Aussterben bedroht, sondern kann ohne Bedenken geerntet werden. Bauern sind einem sogar dankbar, wenn man ihn auf Weiden ausreißt, denn bei übermäßigem Genuß verursacht Augentrost beim Weidetier Vergiftungserscheinungen.

Satteldruck

Satteldruck behandelte der alte Stallmeister mit lauwarmen Kompressen. Dazu wird eine Kompresse in ca. 18 Grad Celsius warmes Wasser getaucht und mäßig ausgewrungen. Man legt sie auf die geschwollene Stelle und fixiert sie mittels eines Woilachs oder einer anderen Wolldecke, die leicht angegurtet werden kann, damit sie nicht verrutscht. Die Kompresse verbleibt

Ein passender Sattel beugt Satteldruck vor. Falls es doch passiert, helfen warme Kompressen.

2–3 Stunden, fast bis zum Trockenwerden, auf dem Pferd und wird dann erneuert. Auch über Nacht sollte sie angelegt bleiben. Dazu wird sie etwas feuchter gehalten. Bei einem frischen, nicht offenen Satteldruck erzielt man mit dieser Behandlung mitunter „über Nacht" eine völlige Beseitigung der Schwellung.

Wenn der „Wolf" zubeißt ...

Gegen den „Wolf", also einen wundgerittenen Reiterhintern, empfahl der alte Stallmeister kalte Sitzbäder. Er fügte dem Badewasser Eichenrinden-Dekokt bei, was allerdings eine länger anhaltende, bräunliche Verfärbung der Haut zur Folge hatte.
Der heutige Reiter braucht das nicht mehr auf sich zu nehmen. Tannolakt-Bäder aus der Apotheke tun dieselbe Wirkung. Der alte Stallmeister empfahl ein Sitzbad von etwa 5 Minuten Dauer an zwei aufeinanderfolgenden Tagen.
Ist man lange nicht geritten oder hat einen langen Ritt bei heißem Wetter vor sich, dient zur Vorbeugung ausgezeichnet reine Vaseline oder Hirschtalg, das in der Apotheke zu beziehen ist.

Sonnenbrand

Sonnenbrand ist ein Problem, das der alte Stallmeister selten bei seinen Pferden erlebte. In den letzten Jahren häufen sich jedoch die Berichte von Pferdehaltern, deren Tiere an heißen Tagen Hautrötungen und Hautablösungen im Bereich von Nüstern und weißen Abzeichen aufweisen. Fast immer handelt es sich dabei um Pferde mit geringer Pigmentierung im Kopfbereich, also Schimmel oder Schecken, oft mit rosa Nüstern.
Ob es am Ozonloch liegt, am häufigeren Weidegang oder einfach daran, daß Tigerschecken und Pintos heute öfter gehalten werden als früher, ist nicht geklärt. Abhilfe schafft jedenfalls regelmäßiges Einreiben der gefährdeten Kopfstellen mit Sonnencreme mit hohem Lichtschutzfaktor. Wenn's schon passiert ist, streicht man Wundsalbe auf die verbrannten Stellen, genau wie beim Menschen auch.
Sonnenbrand läßt sich auch dadurch umgehen, daß man sich der Sonne nicht zu lange aussetzt. Die Tiere haben im Gegensatz zu uns Menschen kein Bedürfnis braun zu werden. Nicht nur sonnenbrandgefährdete Pferde freuen sich deshalb auf der Weide über ein schattiges Plätzchen, wo es sich gut dösen läßt.
Die Pferde des alten Stallmeisters hatten im allgemeinen keine Zeit, sich Sonnenbädern auf der Weide hinzugeben. Sie arbeiteten auch an heißen Tagen und erlitten dabei oft einen Hitzschlag. In diesem Fall übergoß man sie mit kaltem Wasser. Zum Tränken wurde allerdings bis zum Abklingen der Symptome (Liegen, stoßartiges, heftiges Atmen) nur lauwarmes Wasser gereicht.

Hausmittel und Kräuter

─── Heilkräuter ───

Links:
Pferde wie dieses holen sich schnell einen Sonnenbrand.

Wenn das Pferd etwas nicht riechen kann

Wenn man Wurmkuren oder Medikamente über das Futter verabreichen muß und das Pferd sie ablehnt, liegt das oft an ihrem Geruch. Dem kann man abhelfen, indem man dem Pferd einen Tropfen Eukalyptusöl an die Nüstern streicht. Sein Geruchssinn ist dann vorübergehend blockiert, und mit etwas Glück wird es sein Futter aufnehmen.

Heilkräuter

Pferde lieben einen Kräuterzusatz zu ihrem Futter. Das ist selbst bei sommerlicher Weidehaltung sinnvoll, denn unsere modernen Kulturweiden sind meist nicht sehr artenreich. Einige der im folgenden genannten Kräuter kann man im Sommer sammeln und trocknen. Die anderen kauft man in der Apotheke.
Aufbauend und vitalitätssteigernd wirken z. B. Bockskleesamen, täglich etwa 20 Gramm im Futter.
Wacholderbeeren, Birkenblätter, Heidelbeerblätter und Brennesseln regulieren den Stoffwechsel und fördern die Nierentätigkeit. Wenn ein Pferd z. B. zu Kreuzverschlag neigt, sollte man eine Mischung davon herstellen und täglich einen Eßlöffel davon füttern. Rehegefährdeten Pferden gab der alte Stallmeister vorbeugend einen Eßlöffel Eisenkraut. Moderne Heilpraktiker empfehlen Gingko Biloba-Tropfen aus der Apotheke, 3 mal täglich 20 bis 30 Tropfen.

Schwedenkräuter

Diese Kräuter wirken desinfizierend bei Wunden, können – mit Wasser verdünnt – bei Schwellungen als Kompresse aufgelegt werden und haben – bei Mensch und Pferd – eine abführende und verdauungsfördernde Wirkung. Um das Mittel zu erhalten, setzt man folgende Mischung an:
10 Gramm Alaun, 5 Gramm Myrrhe, 0,2 Gramm Safran, 10 Gramm Sennesblätter, 10 Gramm Kampfer, 10 Gramm Rhabarberwurzel, 10 Gramm Zittwerwurzel, 10 Gramm Manna, 10 Gramm Theriak venezian, 5 Gramm Eberwurz und 10 Gramm Angelica mit 1 Liter Doppelkorn.
Man läßt die Mischung vor der Verwendung zwei bis drei Wochen ziehen.

Stärkung der Widerstandskräfte

Während man heute gern zu Echinaceatropfen greift, um die Widerstandskräfte des Pferdes gegen Husten und Fieberkrankheiten zu stärken, verfütterte der alte Stallmeister 30 bis 40 Gramm Alantwurzelpulver pro Tag.

Hausmittel und Kräuter

Roter Sonnenhut (Echinacea purpurea)

Das Mittel hatte vorbeugende und stoffwechselregulierende Wirkung.
Besser als mit allen Tropfen und Pülverchen erhält man die Abwehrkräfte des Pferdes allerdings mit regelmäßigem Auslauf und viel Bewegung in frischer Luft!

Fieberthermometer sicher eingesetzt

Zumindest jeder Tierarzt hat es schon erlebt: Man steckt ein Fieberthermometer in den Pferdeafter, läßt es sekundenlang los – und schon ist es im Darm des Pferdes verschwunden. Die anschließende „Suchaktion" im Pferd ist nervenaufreibend und nicht ungefährlich.
Dabei hilft ein einfaches Präparieren des Stallthermometers gegen das Einsaugen in den Darm. Verbinden Sie das Fieberhermometer über einen etwa 40 cm langen Bindfaden mit einer Wäscheklammer. Die Klammer wird in den Schweif geklemmt, und man braucht das Thermometer nicht mehr die ganze Zeit festzuhalten.
Hätte er sie schon gekannt, hätte der alte Stallmeister sicher nichts gegen die modernen Thermometer mit Digi-

Fieberthermometer gut gesichert

Stallthermometer gut gesichert

talanzeige gehabt, denn sie sind handlich und strapazierfähig. Allerdings eignen sie sich nur für Pferdehaltungen am Haus, denn die Aufbewahrung in der Stallapotheke nehmen sie mitunter übel. Kälte und Temperaturschwankungen verringern die Lebensdauer der Batterien erheblich, und das Thermometer versagt garantiert in genau dem Moment, in dem man es am dringendsten braucht. Wer auf Nummer Sicher gehen will, hält deshalb auf jeden Fall noch ein altes Thermometer für Notfälle bereit.

Zeichen für Blindheit

Die einseitige Blindheit eines Pferdes soll der aufmerksame Betrachter daran erkennen, daß das gleichseitige Ohr des Pferdes oft starr nach vorn gerichtet ist, und weniger Bewegung zeigt als das andere.

Untrügliche Anzeichen der Gesundung
„Pferde, die schlagen oder beißen, ferner solche, die während der Futteraufnahme oder auch in den Zwischenzeiten Luft mit abschlucken, sogenannte Kopper, lassen bei einer schweren Allgemeinerkrankung ihre Untugenden. Sobald derartige Patienten ihre Unarten wieder betreiben, befinden sie sich in der Regel auf dem Wege der Besserung."[21]

[21] Dr. U. Fischer, Der Veterinärgehilfe, Hannover 1918 (8. und 9. Aufl.)

Zum Nachschlagen

Zum Nachschlagen

Register

A
Abführmittel 149
Allergiker 124
Andornsaft 156
angelaufene Sehnen 142
Anreiten 89
Äpfel 38, 41
Appetitlosigkeit 37
Aspirin-Tabletten 159
Atemwegserkrankungen 128
Augenentzündungen 15
Auslauf 32
Außenbox 17

B
Bahnarbeit 101
Ballistol 74, 123
Bananen 41
Bandagieren 151
Beinwell 145, 169
Belastbarkeit 94
Beschlag 64
Bindehautentzündung 169
Birnen 38
Bitterstoffe 42
Blähungen 158
Blindheit 175
Blutuntersuchung 160
Blutzirkulation 50, 142
Borretsch-Tee 47
Brennesseln 25, 42
Brennesseltee 46

C
Camarque-Steigbügel 72
Charaktertest 114
Colt 94

D
Dach-Hauswurz 22
dämpfig 129
Darmbakterien 23
Darmentleerung 158
Darmpech 162
Deckeinsatz 53
Dehydration 46
Disteln 24
Drainage 14
Dressur 90
Druse 133
Durchfall 44, 156

E
Eichenrindendekokt 150
Einläufe 160
Eisenvitriol-Lösung 24
Ekzeme 169
Elektrolytmischung 46
Entwurmung 43
Enzian 150
Erste-Hilfe-Maßnahme 161
Eukalyptus 168
Eukalyptusöl 132

F
Fehlgeburten 39
Fellwechsel 37, 39, 51
Festliegen 20
Fieberthermometer 174
Filly 94
Fliegenabwehr 52
Fliegeneier 118
Flöhe 124
Fohlen 84, 87, 94
Frischblätterauflage 22
Futterneid 33
Futterumstellung 37

Register

G
Gallen 145
Gangpferd 102
Geflügel 125
Geilstellen 27
Gelände 79, 99
Gelatine 64, 146
Gerste 37
Geschlecht 86
glänzende Hufe 60
Glaubersalz 35
Goldmelisse 135
Grasnarbe 27
Grassamenheu 131
Grünfutter 37

H
Haarlinge 123
Hafersack-Prinzip 33
Hagebutten 47
Hagebuttentee 47
Hahnenfuß 25, 42
Halfter 70
Halsriemen 58
Hannoversches Reithalfter 68
Hauswurzöl 22
Heilkräuter 173
Hengst 23, 53
Heuallergie 131
Heuraufen 14
Heutauchen 131
Hilfszügel 68
Hitzeschwellungen 57
Holunderhecken 24
Holzkohle 55
Holzteer 24
Homöopathie 149
Hopfen 157
Hufbad 144
Hufeausschneiden 87

Huffett 24, 60
Hufgeschwüre 150
Hufkontrolle 149
Huflattich 135
Hufrehe 151
Hufsalben 59
Hufwachstum 37, 60
Hustenleckstein 135
Hustentee 128

I
Imprint 85
Inhalieren 132
Insektenstiche 22, 123
Isländische Moosflechte 47

J
Johanniskraut 168
Johannisbrot 39
Johanniskrauttee 47
Juckreiz 124, 169

K
Kamillenteeblätter 169
Kampfer 142
Kandare 70, 98
Kardätsche 50
Katzen 21
Kleieumschlag 150
Knoblauchzehe 120
Kolik 158, 162
Kompost 29
Kompresse 170
Koppen 18
Kopperriemen 19
Kresse 29
Kreuzverschlag 148
Kriebelmücken 120
Kruppe 140
Kühlung 142

Zum Nachschlagen

L
Lackleder 75
Lahmheit 140
Lanolin 169
Lebenserwartung 105
Lebertran 41
Leberfett 74
Lehmbrei 24
Lehmumschläge 143
Leinöl 41, 124
Leinsamen 35
Lorbeer 129
Luftsackentzündung 134
Luftwege 128
Lungenerkrankungen 128

M
Magen-Darmtrakt 119
Magnesiummangel 41
Malz 157
Mash 35
Massagen 161
Mauke 148
Maulwurfshaufen 25
Mäuse 20
Meerrettich 148
Melasse 38
Melkfett 169
Milben 123
Mischbeweidung 27
Mistflecken 55
Möhren 41
Moos 24
Mücken 24
Muskelaufbau 84

N
Nasenausfluß 132
Nelkenöl 118
Nervenstärkung 166

Nerzöl 74
Neurektomie 147

O
Obstessig 52
Offenstall 16, 18
Ohrgriff 166
Olivenöl 59
Oregano 157

P
Panikhaken 57
Pferdeausbildung 102
Pferdekauf 108
Pigmentierung 171
Potenzerhaltung 82
Pulsmessung 45

Q
Quarkpackung 143
Quetschhafer 35
Quetschungen 22

R
Ratten 20
Rauhfutter 34
Rehfell 72
Reitbahn 102
Reitstiefel 76
Reitweise 71
Retterspitz 143
Rinder 27
Rippentest 33
Rizinusöl 76
Rote Beete 41
Rückwärtsrichten 101

S
Sägemehl 14, 51, 57
Salbei 135, 169

Register

Salmiakgeist 72
Salz 35
Salzwasser 146
Satteldruck 123, 143, 170
Sattelgurt 57, 77
Sattellage 57, 143
Sattelunterlage 72
Sattelzeug 76
Sauberkeit 15
Schachtelhalmtee 47
Schädlinge 119
Schafe 27
Schaffell 50
Schafgarbe 118
schäumendes Maul 110
Schaumstoff 71
Scheuen 16, 18
Scheuerbalken 123
Schimmel 55
Schlappohren 108
Schlauch 53, 123
Schlundverstopfung 36
schmiedefromm 109
Schnittgrasfütterung 25, 42
Schwarzer Tee 46
Schwedenkräuter 173
Schwefeläther 142
Schweifheben 114
Schweifriemen 70
Schwellungen 142
Sehnenscheidenentzündung 146
Selbsttränken 46
Senfumschlag 133
Sicherheitssteigbügel 71
7-Stange 70
Smegma 53
Sonnenblumenöl 41
Sonnenbrand 168, 171
Spiritus 56, 142
Springausbildung 103

spröde Hufe 59, 60
S-Stange 70
Stallgasse 18
Stallmut 102
Stalluntugenden 19
Strahlfäule 150
Strohallergie 131
Stroheinstreu 14
Sweet Iron 69

T
Tausendgüldenkraut 148
Terpentinöl 142
Theobromin 38
Thymian 129, 135
Tölt 102
Tränken 45
Traubenzucker 162
Trense 68
Trinkwasser 45
TTEAM-Methode 167
Tupferprobe 53

U
Umschläge 142
Ungeziefer 123
Unkrautvernichter 25

V
Verbiß 24
Verdauung 23, 37, 159
verkehrssicher 109
vernagelt 64
Verrenkungen 22
Versammlung 92
Verstopfung 35

W
Wachstum 115
Waldmeister 166

Wallach 23, 53
Walnußblätter 120
Wälzen 56, 161
Warmblüter 105
Wärmebehandlung 148
Weben 18
Wechselbäder 151
Weideauftrieb 22
Weideführung 23
weißes Leder 74
Weizenkleie 35, 36
Widerristhöhe 115
Widerstandskräfte 173

Wildleder 75
Winterfell 33, 70
Wintertränke 44
Woilach 72, 75, 170
Wunden 143, 169, 173

Z
Zahnschmerzen 89
Zecken 120
Ziegen 27
Zuchtalter 82
Zwiebelsirup 129

Zum Weiterlesen

Aguilar, A.: **Wie Pferde lernen wollen.** Bodenarbeit, Erziehung und Reiten, Lernverhalten verstehen und in das tägliche Training einbeziehen. Kosmos Verlag, Stuttgart 2004.

Barz, Dr. med. vet. J.: **Husten und Allergien bei Pferden.** Maßnahmen zur Vorbeugung und Heilung, Strategien zur Erkennung und Vermeidung von Allergien. Mit Praxistipps zu Haltung und Fütterung. Kosmos Verlag, Stuttgart 2004.

Bender, I.: **Praxishandbuch Pferdehaltung.** Pferdekunde, Haltungsanlagen optimal planen, Auslauf-, Stall- und Weidepraxis. Kosmos Verlag, Stuttgart 2004.

Ettl, R.: **Das Einmaleins der Hufpflege.** Welcher Beschlag ist der richtige für mein Pferd? Was kann ich selbst tun, um die Hufe gesund zu erhalten? Kosmos Verlag, Stuttgart 2002.

Meyerdirks-Wüthrich, U.: **Bach-Blüten für Pferde.** Anwendung des Naturheilverfahrens zur Unterstützung bei Erkrankungen, konkrete Beispiele aus der Praxis, Vorstellung aller verschiedenen klassischen Bach-Blüten. Verlag, Stuttgart 1998/2004.

Rakow, Dr. M.: **Die homöopathische Stallapotheke.** Wirkung und Anwendung, Möglichkeiten und Anwendungsbereiche, Therapie der häufigsten Krankheiten von A bis Z. Kosmos Verlag, Stuttgart 1999/2002.

Rau, B.: **ABC der Pferdekunde.** Kriterien zur sachgemäßen Beurteilung eines Pferdes, Leitfaden für den Pferdekauf und für die Überprüfung des Gesundheits- und Trainingszustands des eigenen Tieres. Kosmos Verlag, Stuttgart 2004.

Farbfotos von Klara Decker, Glonn (S. 48/49, 58, 61, 69, 77 unten, 103, 154/155, 170), Hans D. Dossenbach, CH-Schlatt (S. 6, 8, 38, 54, 80/81, 90, 112, Nachsatz), Monika Dossenbach, CH-Schlatt (S. 10, 60, 88), Christiane Gohl, Detmold (S. 59, 63, 70, 71, 75, 152, 166 links und rechts, 175), Klaus-Jürgen Guni / Kosmos (S. 1), Olav Krenz, Leonberg (S. 106/107), Hans Kuczka, Wetter (S. 17 oben, 19, 28 unten, 35, 40, 55, 56, 91, 99, 101, 109, 111, 116/117, 130, 134, 136, 138/139, 144, 172), Sabine Küpper, Mülheim/Ruhr (S.118), Lothar Lenz, Cochem (S. 5, 7, 12/13, 14, 17 unten, 21, 23, 27, 28 oben, 30/31, 34, 42, 45, 50, 66/67, 73, 83, 84/85, 86, 96, 115, 121, 124, 125, 141, 149, 162), Bernhard Metzler, Weilheim/Teck (S. 174), Manfred Pforr, Langenpreising (S. 47, 119 links, 145, 157, 163, 168), Photec Bildagentur, Heidelberg (S. 92), Reinhard-Tierfoto, Heiligkreuzsteinach (S. 26, 119 rechts, 150, 160), Marc Rühl, Rösrath (S. 37), Bernd Schellhammer, Großstadelhofen (Vorsatz, S. 126/127, 153), Edgar Schöpal, Düsseldorf (S. 164/165, 176/177), Sabine Stuewer, Darmstadt (S. 9, 31, 52, 77 oben, 105, 122, 129, 167).

Mit 19 Farb- und 17 Schwarzweißzeichnungen von Milada Krautmann, Stuttgart, sowie 16 Schwarzweißzeichnungen von Jeanne Kloepfer, Dossenheim.

Bibliografische Information der Deutschen Bibliothek
Die Deutsche Bibliothek verzeichnet diese Publikation in der Deutschen Nationalbibliografie; detaillierte bibliografische Daten sind im Internet über http://dnb.ddb.de abrufbar.

Umschlaggestaltung von Friedhelm Steinen-Broo, eStudio Calamar.
Umschlagfotos von Elisabeth Weiland, CH-Zollikon (Umschlagvorderseite), Klaus-Jürgen Guni / Kosmos, Lothar Lenz / Kosmos und Christof Salata / Kosmos (Umschlagrückseite).

©1998, 2004, Franckh-Kosmos Verlags-GmbH & Co., Stuttgart
Alle Rechte vorbehalten
ISBN 3-440-10107-X
Lektorat: Katja Metzler
Herstellung: Heiderose Stetter
Printed in Germany / Imprimé en Allemagne

Bücher · Kalender · Spiele · Experimentierkästen · CDs · Videos
Natur · Garten & Zimmerpflanzen · Heimtiere · Pferde & Reiten · Astronomie · Angeln & Jagd · Eisenbahn & Nutzfahrzeuge · Kinder & Jugend

KOSMOS Postfach 10 60 11
D-70049 Stuttgart
TELEFON +49 (0)711-2191-0
FAX +49 (0)711-2191-422
WEB www.kosmos.de
E-MAIL info@kosmos.de

Deutsche Vereinigung zum Schutz des Pferdes e.V.
Wienkamp 11 rechts
46354 Südlohn

KOSMOS

Erlebnis Pferde

Lesevergnügen pur!

Bei den Pferdeleuten herrschen merkwürdige Sitten und Gebräuche, deren Sinn oder Unsinn man auf den ersten Blick nicht immer durchschaut. Mit diesem Ratgeber sind Sie für alle Eventualitäten gewappntet – gnadenlos ehrlich, ironisch und bissig wird der alltägliche Wahnsinn der Reiterwelt aufs Korn genommen. Dabei werden auch die Fettnäpfchen und Fallstricke beleuchtet, die den Pferdefreund auf seinem Weg erwarten.

▸ Was Sie schon immer über das Reiten wissen wollten, aber nie zu fragen wagten!

Susanne Puls
Der ganz normale Reiterwahnsinn
176 Seiten, gebunden
ISBN 3-440-09852-4
€ 12,95; €/A 13,40; sFr 22,70
Preisänderung vorbehalten

www.kosmos.de